SPECIES

GÉNÉRAL

DES

COLÉOPTÈRES.

DE L'IMPRIMERIE DE FIRMIN DIDOT, FRÈRES,
RUE JACOB, N° 24.

SPECIES

GÉNÉRAL

DES

COLÉOPTÈRES,

DE LA COLLECTION

DE M. LE COMTE DEJEAN,

PAIR DE FRANCE, LIEUTENANT-GÉNÉRAL DES ARMÉES DU ROI, COMMANDEUR DE L'ORDRE ROYAL DE LA LÉGION-D'HONNEUR, CHEVALIER DE L'ORDRE ROYAL ET MILITAIRE DE SAINT-LOUIS, MEMBRE DE LA SOCIÉTÉ PHILOMATIQUE ET DE PLUSIEURS AUTRES SOCIÉTÉS SAVANTES NATIONALES ET ÉTRANGÈRES.

Tome Cinquième.

A PARIS,

CHEZ MÉQUIGNON-MARVIS, LIBRAIRE-ÉDITEUR,

RUE DU JARDINET, N° 13.

1831.

SPECIES

GÉNÉRAL

DES

COLÉOPTÈRES,

DE LA COLLECTION

DE M. LE COMTE DEJEAN,

PAIR DE FRANCE, LIEUTENANT-GÉNÉRAL DES ARMÉES DU ROI, GRAND-OFFICIER DE L'ORDRE ROYAL DE LA LÉGION D'HONNEUR, CHEVALIER DE L'ORDRE ROYAL ET MILITAIRE DE SAINT-LOUIS, MEMBRE DE LA SOCIÉTÉ PHILOMATIQUE ET DE PLUSIEURS AUTRES SOCIÉTÉS SAVANTES NATIONALES ET ÉTRANGÈRES.

Tome Cinquième.

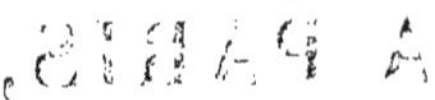

A PARIS,

CHEZ [illegible], LIBRAIRE-ÉDITEUR,

[illegible]

TABLE ALPHABÉTIQUE

DES AUTEURS ET AUTRES ENTOMOLOGISTES CITÉS DANS CE VOLUME, ET DONT IL N'EST PAS QUESTION DANS LES PRÉCÉDENTS.

Afzelius, botaniste suédois, élève de Linné; a résidé à Sierra-Leone et y a recueilli beaucoup d'insectes, dont M. Schönherr a bien voulu m'envoyer quelques espèces très-remarquables.

Bedeau, chirurgien militaire, employé à Cadix, lors de l'occupation de cette ville par les troupes françaises; il a visité une partie de l'Andalousie, et il en a rapporté une très-grande quantité d'insectes intéressants.

Boisduval, docteur en médecine, auteur de plusieurs ouvrages sur la chimie, la botanique et l'entomologie; s'occupe particulièrement des lépidoptères et peut être considéré comme l'entomologiste français qui les connaît le mieux. Je lui ai confié la rédaction de *l'Iconographie des Coléoptères d'Europe.* Il va faire paraître, sous le titre d'*Icones historique des Lépidoptères européens nouveaux ou peu connus*, un ouvrage par livraisons, qui formera un supplément indispensable à tous les auteurs iconographes; il sera exécuté sur le même plan et le même format que l'*Iconographie des Lépidoptères et des Chenilles de l'Amérique septentrionale*, ouvrage qu'il publie avec M. Leconte.

Bonpland, savant bien connu, qui accompagnait M. de Humboldt dans son voyage en Amérique, et qui a ramassé les insectes qui ont été décrits par M. Latreille.

Brigtwel, entomologiste anglais, cité dans le catalogue de Sturm.

Dalman, entomologiste très-instruit, auteur de plusieurs ouvrages, directeur du Muséum de Stockholm, qu'une mort prématurée a enlevé il y a quelques années à la science et à ses amis.

Demel, entomologiste à Prague, en Bohême, qui s'occupe particulièrement de lépidoptères; a bien voulu m'envoyer quelques insectes intéressants.

Desfontaines, botaniste bien connu, membre de l'Académie des sciences et l'un des professeurs du Muséum d'histoire naturelle; a fait il y a déja long-temps un voyage en Barbarie, et en a rapporté une assez grande quantité d'insectes.

Duvaucel, voyageur-naturaliste du Muséum d'histoire naturelle, auquel il a fait des envois très-considérables; mort dans l'Inde il y a plusieurs années.

Ehrenberg, naturaliste prussien, qui a visité l'Égypte, la Nubie, l'Arabie, la Syrie, et qui a accompagné M. de Humboldt dans son voyage en Sibérie et dans les provinces méridionales de la Russie.

Frivaldjsky, médecin hongrois, conservateur du Muséum d'histoire naturelle de Pesth, m'a fait plusieurs envois d'insectes de son pays.

Géné, professeur à l'université de Pavie, qui vient d'être désigné pour remplacer feu Bonelli, comme directeur du Muséum d'histoire naturelle de Turin. J'ai reçu de lui des insectes de Lombardie assez intéressants, et entre autres une belle suite de Brachélytres.

Hagenbach, entomologiste qui donnait de l'espérance, mort il y a plusieurs années; il était chargé des insectes du Muséum de Leyde; il a publié entre autres un petit opuscule très-intéressant et très-bien fait sur le genre *Mormolyce*.

Harris, naturaliste des États-Unis, qui a publié quelques mémoires sur les insectes, et qui a nommé plusieurs espèces qui m'ont été envoyées par M. Leconte.

Heutz, américain, qui s'occupe aussi d'entomologie, et qui a de même nommé plusieurs insectes qui m'ont été envoyés par M. Leconte.

Heyden, entomologiste allemand, qui réside je crois à Francfort.

HUMBOLDT (le baron de), savant bien connu par ses voyages et ses écrits.

JAQUIER, chirurgien militaire, qui a été employé à Cayenne et qui en a rapporté des insectes de la plus grande beauté, dont il a bien voulu me faire présent.

LEBAS, entomologiste très-zélé, qui a été chargé par une société formée à Paris, sous ma direction, d'explorer la Colombie et particulièrement les environs de Carthagène. Il nous a déja fait deux envois considérables, composés en grande partie de très-petites espèces, mais dont au moins les trois quarts sont entièrement nouvelles.

MAILLE (Arsenne), entomologiste de Rouen, instruit, zélé, qui possède une assez belle collection, et dont les relations sont extrêmement agréables.

OBERLEITNER, entomologiste à Munich, en Bavière; paraît posséder une belle collection et m'a envoyé quelques beaux insectes du Brésil et d'Italie.

PERRON, savant bien connu, qui accompagnait le capitaine Baudin dans son voyage autour du monde; mort en 1819.

POEY, entomologiste de l'île de Cuba, qui habite Paris depuis plusieurs années, et qui se propose de faire un ouvrage sur les insectes de son pays.

RICHE, naturaliste de grande espérance, qui accompagnait M. d'Entrecasteaux dans son voyage à la recherche de Lapeyrouse, et qui est mort à la terre de Van Diémen.

SCHMIDT, à Laybach, en Carniole, m'a envoyé quelques insectes de cette intéressante contrée.

SCHRANK, entomologiste allemand, qui a écrit plusieurs ouvrages sur les insectes.

SELLIER, jeune amateur de Toulon, qui m'a envoyé quelques insectes remarquables de diverses contrées de l'Amérique méridionale et particulièrement du Pérou.

SOMMER, entomologiste à Hambourg; a bien voulu m'envoyer quelques insectes intéressants du Groenland et du Labrador.

TAMS, entomologiste à Saint-Pétersbourg; a fait un voyage dans les provinces méridionales de la Russie.

Vanderlinden, chargé de la partie entomologique au Muséum de Bruxelles ; s'occupe particulièrement des hyménoptères ; il a publié un petit opuscule sur quelques nouveaux coléoptères de Java.

Vauthier, peintre d'histoire naturelle, qui s'occupe d'entomologie et qui m'a donné quelques insectes.

Verreaux, marchand d'histoire naturelle à Paris, dont le fils est depuis plusieurs années au cap de Bonne-Espérance.

Zimmermann, entomologiste à Berlin ; se propose de donner une monographie très-détaillée du genre *Amara*.

Zoubkoff (Basile de), conseiller à la chambre criminelle à Moscou ; paraît avoir une assez belle collection, et m'a envoyé de beaux insectes venant du désert des Kirguises.

FIN DE LA TABLE DES AUTEURS.

SPECIES

GÉNÉRAL

DES

COLÉOPTÈRES.

SUBULIPALPES.

Le nom de *Subulipalpes* donné par Latreille à cette tribu indique assez la forme des palpes, dont le pénultième article, toujours renflé vers l'extrémité, est presque en triangle ou cône renversé, et dont le dernier est toujours terminé en pointe; ce qui distingue suffisamment les insectes qui la composent de tous les autres carabiques.

A ce caractère on peut encore ajouter les suivants.

Les deux premiers articles des tarses antérieurs seulement sont dilatés dans les mâles, au moins dans les genres où ce sexe est connu; les jambes antérieures sont fortement échancrées; les crochets des tarses ne sont jamais dentelés en-dessous, et les élytres ne sont pas tronquées à l'extrémité.

Ces insectes sont le plus souvent de très-petite taille, et vivent presque tous aux bords des eaux et dans les endroits humides.

Le petit tableau suivant présente les principaux caractères des trois genres qui jusqu'à présent composent cette tribu.

Dernier article des palpes	au moins aussi grand que le précédent. Pénultième article des palpes maxillaires	aussi grand que le dernier.....	1 *Trechus.*
		plus petit que le dernier......	2 *Lachnophorus.*
	beaucoup plus petit que le précédent...........		3 *Bembidium.*

I. TRECHUS. *Clairville.*

BEMBIDIUM. *Gyllenhal.* CARABUS. *Fabricius.*

Les deux premiers articles des tarses antérieurs assez fortement dilatés dans les mâles ; le premier presque trapézoïde ; le second triangulaire ou cordiforme, et tous les deux plus saillants en dedans qu'en dehors. Dernier article des palpes extérieurs assez allongé, diminuant insensiblement de grosseur, et terminé en pointe ; le pénultième des maxillaires aussi long que le dernier et aussi gros que lui à son extrémité, assez mince à sa base. Antennes filiformes. Lèvre supérieure courte, transversale et plus ou moins échancrée. Mandibules peu avancées, arquées et assez aiguës. Une dent simple au milieu de l'échancrure du menton. Corps oblong, plus ou moins allongé. Tête presque triangulaire. Corselet ordinairement carré ou cordiforme, rarement arrondi. Élytres en ovale plus ou moins allongé.

Ce genre a été établi par Clairville sur de petits carabiques ordinairement d'une couleur roussâtre, ayant entre eux beaucoup de ressemblance, et qu'on reconnaîtra facilement aux caractères suivants.

La lèvre supérieure est plane, courte, transversale, et plus ou moins échancrée à sa partie antérieure. Les mandibules sont ordinairement peu avancées, plus ou moins arquées et assez aiguës. Le menton est fortement échancré, et il a une dent simple au milieu de son échancrure. Les palpes extérieurs sont assez saillants; leur dernier article est assez allongé; il diminue insensiblement de grosseur et se termine en pointe; le pénultième des maxillaires est au moins aussi long que le dernier, aussi gros que lui à son extrémité, et diminue insensiblement de grosseur vers sa base, qui est assez mince. Les antennes sont filiformes et ordinairement un peu plus longues que la moitié du corps; leur premier article est un peu plus gros que les autres et presque cylindrique; les trois suivants sont légèrement obconiques; le second est un peu plus court que les autres; les suivants sont égaux entre eux, légèrement comprimés et presque en carré allongé, dont les angles sont arrondis; le dernier est ovalaire et terminé en pointe obtuse. Le corps est oblong et plus ou moins allongé. La tête est presque triangulaire, et elle a toujours de chaque côté une ligne longitudinale arquée, fortement marquée, qui commence avant les antennes et qui se termine derrière les yeux. Le corselet est ordinairement plus ou moins carré ou cordiforme et très-rarement arrondi. Les élytres sont en ovale plus ou moins allongé; les stries extérieures sont souvent presque entièrement effacées; la première se recourbe toujours à l'extrémité et forme un sillon assez marqué, qui remonte presque jusqu'aux trois quarts des élytres. Souvent il y a des ailes sous les élytres, mais souvent aussi l'insecte en est dépourvu. Les pattes sont assez grandes pour la grosseur de l'insecte. Les jambes antérieures sont fortement échancrées. Les articles des tarses sont assez allongés, presque cylindriques ou très-légèrement triangulaires; les deux premiers articles des tarses antérieurs sont assez fortement dilatés dans les mâles, et plus saillants en-dedans qu'en-dehors : le premier est assez grand et presque trapézoïde; le second est un peu plus petit, plus court et assez fortement triangulaire ou cordiforme.

Les *Trechus* se tiennent ordinairement sous les pierres, dans les endroits humides; les espèces que l'on trouve dans les montagnes sont presque toujours aptères, et leurs élytres sont proportionnellement plus courtes et plus ovales.

Des vingt-deux espèces que je possède dans ce genre, dix-neuf appartiennent à l'Europe, une aux îles Aleutiennes, et une autre aux îles Malouines.

1. T. Discus.

Alatus, rufo-testaceus, subpubescens; thorace cordato, postice transverse impresso, utrinque foveolato, angulis posticis rectis; elytris oblongis, tenue striato-punctatis, interstitiis obsolete punctatis, punctis tribus impressis, maculaque communi transversa postica fusca; antennis pedibusque testaceis.

Sturm. vi. p. 80. n° 7.
Carabus Discus. Fabr. *Sys. el.* 1. p. 207. n° 200.
Sch. *Syn. ins.* 1. p. 217. n° 272.
Duftschmid. ii. p. 171. n° 228.
Blemus Discus. Dej. *Cat.* p. 16.

Long. 2 ½ lignes. Larg. 1 ligne.

Il est beaucoup plus grand que le *Rubens*, proportionnellement plus allongé, et sa couleur est en-dessus un peu moins obscure et plus rougeâtre. Il est couvert en-dessus, principalement sur les élytres, de petits poils très-courts et peu serrés, qui le font paraître très-légèrement pubescent. La tête est plus allongée que celle du *Rubens*; elle est lisse, et elle a ordinairement, dans son milieu, une tache obscure, peu distincte; les deux impressions longitudinales arquées sont très-fortement marquées. Les palpes sont d'un jaune testacé. Les antennes sont de la même couleur et un peu plus longues que la moitié du corps. Les yeux sont noirâtres, assez gros et assez saillants, ce qui fait paraître la tête rétrécie postérieurement. Le corselet est un peu plus large que la tête, presque aussi long que large, arrondi antérieurement sur les côtés, très-rétréci postérieurement, fortement cordiforme, lisse et peu convexe; la ligne longitudinale du milieu est très-fortement marquée; l'impression transversale antérieure est peu distincte; la postérieure est fortement marquée; il a de chaque côté de la base une impression presque arrondie, assez profonde, qui se confond avec l'impression transversale; le bord antérieur est très-légèrement échancré; les angles antérieurs sont arrondis; les côtés sont rebordés et assez fortement relevés; les angles postérieurs sont coupés carrément et assez saillants; la base est coupée presque carrément. Les élytres sont un peu plus larges que le corselet, en ovale très-allongé et très-peu convexes; elles ont à peu près aux deux tiers de leur longueur une tache commune, transversale, d'un brun noirâtre, assez large, et qui ne va pas jusqu'au bord extérieur; les stries sont peu marquées, surtout sur les côtés, et assez distinctement ponctuées; les intervalles sont planes; avec une forte loupe ils paraissent couverts de petits points enfoncés assez éloignés les uns des autres; on voit sur la troisième strie deux points enfoncés assez marqués : le premier vers la base; le second à peu près au milieu, et un troisième moins distinct vers l'extrémité, sur le troisième intervalle, près de la seconde strie; on voit en outre quelques points enfoncés le long du bord extérieur, près de la base, et quelques autres moins distincts vers l'extrémité. Il y a des ailes sous les élytres. Le dessous du corps est à peu près de la couleur du dessus. Les pattes sont proportionnellement plus longues que celles du *Rubens* et d'un jaune-testacé assez pâle.

Il se trouve en Hongrie, en Autriche, quelquefois même en Allemagne et dans les provinces méridionales de la Russie, mais il est assez rare partout.

2. T. Micros.

Alatus, rufo-testaceus, subpubescens; thorace subcordato, postice utrinque foveolato, angulis posticis rectis; elytris oblon-

gis, tenue striatis, interstitiis confertissime punctulatis, punctisque tribus impressis; vertice clytrorumque disco obscurioribus; antennis pedibusque testaceis.

Sturm. vi. p. 82. n° 8.
Carabus Micros. Herbst. *Archiv.* p. 142. n° 60.
Sch. *Syn. ins.* p. 215. n° 265.
Bembidium Micros. Sahlberg. *Dissert. entom. ins. Fennica.* p. 205. n° 32.
Carabus Planatus? Duftschmid. ii. p. 172. n° 229.

Long. 2 lignes. Larg. $\frac{3}{4}$ ligne.

Il est un peu plus petit que le *Discus*, proportionnellement un peu plus allongé, et sa couleur est en-dessus un peu plus jaune et moins rougeâtre. Il est presque entièrement couvert en-dessus de petits poils très-courts et très-serrés, qui le font paraître légèrement pubescent. La tête est à peu près comme celle du *Discus*; elle a dans son milieu une grande tache indéterminée, obscure et presque noirâtre. Les antennes sont d'un jaune testacé et proportionnellement un peu plus courtes que celles du *Discus*. Les yeux sont moins saillants, ce qui fait paraître la tête moins large et moins rétrécie postérieurement. Le corselet est souvent entièrement d'une couleur testacée un peu rougeâtre, mais souvent aussi il a dans son milieu une grande tache obscure, qui en occupe presque toute la surface; il est moins fortement cordiforme, moins large antérieurement, moins rétréci postérieurement et moins convexe que celui du *Discus*; la ligne longitudinale du milieu et l'impression transversale postérieure sont moins marquées; les côtés sont moins relevés; les angles postérieurs et la base sont coupés plus carrément. Les élytres sont un peu plus étroites, moins ovales et plus parallèles; elles ont dans leur milieu une grande tache obscure, indéterminée, qui se confond avec le fond de la couleur et qui en occupe quelquefois presque toute la surface; les stries sont peu marquées, surtout sur les côtés, et ne paraissent pas ponctuées ; les intervalles sont couverts de très-petits points enfoncés peu marqués et très-serrés ; on voit sur le quatrième deux points enfoncés assez gros et assez fortement marqués : le premier au quart des élytres, et le second un peu au-delà du milieu ; on voit en outre vers l'extrémité un troisième point enfoncé très-petit, placé comme dans le *Discus*. Il y a des ailes sous les élytres. En-dessous la tête, le corselet et la poitrine sont d'un brun un peu roussâtre ; l'abdomen est d'une couleur plus claire et plus rougeâtre. Les pattes sont plus courtes que celles du *Discus*, et d'un jaune-testacé assez pâle.

Il se trouve, mais assez rarement, en Finlande, en Russie, en Allemagne, principalement dans les parties septentrionales et quelquefois même en France et en Angleterre.

M. Germar me l'a envoyé comme le *Planatus* de Duftschmid.

3. T. Littoralis. *Ziegler.*

Alatus, depressus, rufo-piceus ; thorace cordato, postice utrinque obsolete foveolato, angulis posticis subrectis ; elytris oblongis, subparallelis, striis tribus dorsalibus distinctis, externis obsoletis, tertia quartaque confluentibus, punctisque tribus impressis ; antennis pedibusque testaceis.

Blemus Littoralis. Dej. *Cat.* p. 16.
T. Longicornis. Sturm. vi. p. 83. n° 9. t. 151. fig. a. A.

Long. 1 $\frac{3}{4}$ ligne. Larg. $\frac{1}{2}$ ligne.

Il est à peu près de la grandeur du *Rubens* ; mais il est beaucoup plus étroit, presque plane, et sa couleur est en-dessus d'un brun plus ou moins rougeâtre, avec la tête ordinairement plus obscure. Celle-ci est assez grande, presque triangulaire et un peu rétrécie postérieurement ; les deux lignes longitudinales arquées sont fortement marquées. Les palpes sont d'un jaune-testacé un peu rougeâtre. Les antennes sont de la même couleur et à peu près des deux tiers de la longueur du corps. Les yeux sont peu saillants. Le corselet est plus large que la tête, moins long que large, assez court, arrondi antérieurement sur les côtés, rétréci postérieurement et assez fortement cordiforme; la ligne longitudinale du milieu et l'impression transversale postérieure sont assez marquées; l'antérieure l'est beaucoup moins; il a de chaque côté de la base une petite impression arrondie et peu marquée; le bord antérieur est légèrement échancré; les angles antérieurs sont arrondis; les côtés sont assez fortement rebordés; les angles postérieurs sont coupés presque carrément; la base est coupée un peu plus obliquement sur les côtés, et presque carrément dans son milieu. Les élytres sont un peu plus larges que le corselet, assez allongées et presque parallèles; les trois premières stries sont lisses et fortement marquées, surtout vers l'extrémité; la quatrième l'est beaucoup moins, et les autres sont presque entièrement effacées; la première se recourbe à l'extrémité, et se réunit à la troisième; l'extrémité de la seconde est un peu sinuée, et se prolonge à peu près comme dans le *Rubens;* on voit sur le quatrième intervalle deux points enfoncés assez gros et assez marqués : le premier à peu près au quart des élytres; le second un peu au-delà du milieu; les troisième et quatrième stries se rapprochent et paraissent se réunir sur ces deux points; on voit en outre vers l'extrémité un troisième point beaucoup plus petit, placé comme dans le *Rubens.* Il y a des ailes sous les élytres. En-dessous la tête, le corselet et la poitrine sont d'un brun obscur; l'abdomen est d'un brun roussâtre. Les pattes sont d'un jaune-testacé assez pâle.

J'ai trouvé cet insecte, mais toujours très-rarement, sur le bord des eaux, dans le midi de la France, en Allemagne et en Styrie.

4. T. PALUDOSUS.

Alatus, piceus; thorace subquadrato, postice utrinque foveolato, angulis posticis rectis; elytris oblongo-ovatis, striato-punctatis, striis externis obsoletis, punctisque tribus impressis; antennis pedibusque rufo-testaceis.

STURM. VI. p. 89. n° 13. T. 151. fig. d. D.

DEJ. *Cat.* p. 16.

Bembidium Paludosum. GYLLENHAL. II. p. 34. n° 20. et IV. p. 413. n° 20.

SAHLBERG. *Dissert. entom. ins. Fennica.* p. 204. n° 31.

Carabus Tristis. var. b. SCH. *Syn. ins.* I. p. 220. n° 282. not. t.

Long. 2 $\frac{3}{4}$ lignes. Larg. 1 ligne.

Il est plus grand que le *Rubens*. Sa couleur est en-dessus d'un brun noirâtre sur la tête et le corselet, et d'un brun roussâtre sur les élytres, qui sont quelquefois brillantées d'une légère teinte bleuâtre. La tête est un peu plus allongée que celle du *Rubens;* elle est presque triangulaire, et un peu rétrécie postérieurement; les deux lignes longitudinales arquées sont fortement marquées. Les palpes et les antennes sont d'une couleur testacée un peu rougeâtre. Les yeux sont peu saillants. Le corselet est plus large que la tête, moins long que large, presque carré, légèrement arrondi antérieurement sur les côtés, un peu rétréci postérieurement, lisse et peu convexe; la ligne longitudinale du milieu est fortement marquée; l'impression transversale antérieure est en arc de cercle et peu profonde; la postérieure est presque transversale et plus marquée; il a de chaque côté de la base une impression presque arrondie, assez profonde, dont le fond est un peu rugueux; le bord antérieur est légèrement échancré; les angles antérieurs sont arrondis; les côtés sont rebordés et assez fortement relevés, surtout vers les angles postérieurs, qui sont coupés carrément et assez saillants; la base est aussi coupée carrément. Les élytres sont plus larges que le corselet, en ovale allongé et peu convexes; les stries sont fortement ponctuées; les cinq ou six premières sont bien distinctes; les autres sont moins marquées et quelquefois presque effacées; la première se recourbe à son extrémité et se joint avec la cinquième; la seconde se prolonge comme dans le *Rubens;* on voit sur chaque élytre trois points enfoncés disposés à peu près comme dans cette espèce; le second est cependant un peu plus bas, et le troisième moins près de la seconde strie. Il y a des ailes sous les élytres. En-dessous la tête, le corselet et la poitrine sont d'un brun noirâtre; l'abdomen est d'un brun roussâtre. Les pattes sont d'une couleur testacée assez claire et un peu roussâtre.

Il se trouve communément en Suède, en Finlande et dans le nord de la Russie.

5. T. Fulvus.

Alatus, rufo-testaceus; thorace subquadrato, postice utrinque foveolato, angulis posticis rectis; elytris oblongis, crenato-striatis, punctisque tribus impressis; antennis pedibusque testaceis.

Dej. *Cat.* p. 16.

Long. 2 ¼ lignes. Larg. 1 ligne.

Il est un peu plus grand que le *Rubens*, proportionnellement plus allongé, et sa couleur est entièrement en-dessus d'un jaune-testacé assez clair et un peu rougeâtre. La tête est assez allongée, presque triangulaire et un peu rétrécie postérieurement; les deux lignes longitudinales arquées sont très-fortement marquées. Les palpes et les antennes sont d'un jaune-testacé assez pâle. Les yeux sont noirâtres et peu saillants. Le corselet est plus large que la tête, moins long que large, presque carré, légèrement arrondi antérieurement sur les côtés, un peu rétréci postérieurement, lisse et peu convexe; la ligne longitudinale du milieu est assez fortement marquée; les deux impressions transversales, dont l'antérieure est en arc de cercle, le sont un peu moins; il a de chaque côté de la base une impression presque arrondie, assez grande et assez profonde; le bord antérieur est légèrement échancré; les angles antérieurs sont presque arrondis; les côtés sont rebordés et un peu relevés; ils se redressent près de la base et forment avec elle un angle droit; la base est coupée presque carrément. Les élytres sont assez allongées, légèrement ovales, presque parallèles et presque planes; elles ont des stries assez profondes, assez fortement ponctuées, presque crénelées, et dont les extérieures sont presque aussi marquées que les intérieures; la première se recourbe à l'extrémité et se joint avec la cinquième; la seconde se prolonge à peu près comme dans le *Rubens;* la troisième et la quatrième sont plus courtes et se réunissent avant l'extrémité; on voit sur chaque élytre trois points enfoncés, placés à peu près comme dans le *Rubens.* Il y a des ailes sous les élytres. Le dessous du corps est à peu près de la couleur du dessus. Les pattes sont d'un jaune-testacé assez pâle.

Je ne possède qu'un seul individu de cet insecte; je l'ai trouvé autrefois en Espagne; je ne me rappelle pas dans quel endroit.

6. T. Ochreatus.

Alatus, rufo-testaceus; thorace subcordato, postice utrinque foveolato, angulis posticis rectis; elytris oblongis, striato-punctatis, striis externis obsoletis, punctisque tribus impressis; antennis pedibusque testaceis.

Dej. *Cat.* p. 16.

Long. 1 $\frac{2}{3}$ ligne. Larg. $\frac{2}{3}$ ligne.

Il est un peu plus petit que le *Rubens*, proportionnellement plus étroit et plus allongé, et sa couleur est entièrement en-dessus d'un jaune-testacé un peu rougeâtre. La tête est assez allongée, presque triangulaire et un peu rétrécie postérieurement; les deux lignes longitudinales arquées sont très-fortement marquées. Les palpes et les antennes sont d'un jaune-testacé assez pâle. Les yeux sont noirâtres et peu saillants. Le corselet est plus large que la tête, moins long que large, légèrement arrondi antérieurement sur les côtés, un peu rétréci postérieurement, presque cordiforme, lisse et peu convexe; la ligne longitudinale du milieu est assez fortement marquée; les deux impressions transversales, dont l'antérieure est en arc de cercle, le sont beaucoup moins; il a de chaque côté de la base une impression presque arrondie et assez marquée; le bord antérieur est légèrement échancré; les angles antérieurs sont assez arrondis; les côtés sont rebordés; les angles postérieurs et la base sont coupés carrément. Les élytres sont assez allongées, légèrement ovales, presque parallèles et presque planes; elles ont des stries légèrement ponctuées, dont les extérieures sont peu marquées et presque effacées; elles sont disposées à peu près comme dans le *Rubens;* on voit sur la troisième strie deux points enfoncés assez distincts : le premier au quart des élytres, et le second un peu au-delà du milieu; on voit en outre vers l'extrémité, un troisième point enfoncé plus petit et peu distinct, placé à peu près comme dans le *Rubens*. Il y a des ailes sous les élytres. Le dessous du corps est à peu près de la couleur de dessus. Les pattes sont d'un jaune-testacé assez pâle.

Je l'ai trouvé dans les Alpes de la Styrie.

7. T. Rubens.

Alatus, rufo-piceus; thorace subquadrato, postice utrinque foveolato, angulis posticis obtusis; elytris oblongo-ovatis, striis quatuor dorsalibus distinctis, externis obsoletis, punctisque tribus impressis; antennis pedibusque rufo-testaceis.

Sturm. vi. p. 79. n° 6.

Dej. *Cat.* p. 16.

Carabus Rubens. Fabr. *Sys. el.* i. p. 187. n° 92.

Carabus Quadristriatus. Schrank. *Ent.* p. 218. n° 410.

Duftschmid. ii. p. 185. n° 251.

Bembidium Quadristriatum. Gyllenhal. ii. p. 31. n° 17. et iv. p. 413. n° 17.

Sahlberg. *Dissert. entom. ins. Fennica.* p. 204. n° 30.

Carabus Tempestivus. Zenker. Panzer. *Fauna german.* 73. n° 6.

Sch. *Syn. ins.* 1. p. 224. n° 307.

Carabus Tristis. Paykull. *Fauna suecica.* 1. p. 145. n° 62.

Sch. *Syn. ins.* 1. p. 220. n° 282.

Var. A. *T. Quadristriatus.* Dej. *Cat.* p. 16.

Var. B. *T. Nigriceps.* Sturm. *Catal.* p. 203.

Var. C. *T. Humeralis.* Oeskay.

Long. 1 $\frac{3}{4}$ ligne. Larg. $\frac{3}{4}$ ligne.

Il est un peu plus grand que l'*Acupalpus Meridianus*, proportionnellement un peu plus large, et sa couleur est en-dessus d'un brun-roussâtre, ordinairement plus foncé et presque noirâtre sur la tête et plus clair sur les élytres. La tête est presque triangulaire, lisse, et elle a de chaque côté une ligne longitudinale arquée, fortement marquée, qui commence avant les antennes et qui se termine derrière les yeux. Les palpes sont d'un jaune-testacé un peu roussâtre. Les antennes sont de la même couleur et à peu près de la longueur de la moitié du corps. Les yeux sont noirâtres, assez gros et assez saillants. Le corselet est plus large que la tête, moins long que large, presque carré, légèrement arrondi antérieurement sur les côtés, lisse et assez convexe; la ligne longitudinale du milieu est assez marquée; l'impression transversale antérieure est en arc de cercle; la postérieure est formée de deux arcs de cercle qui se réunissent sur la ligne du milieu; elles sont toutes les deux assez fortement marquées; il a de chaque côté de la base une petite impression presque arrondie et assez distincte; le bord antérieur est légèrement échancré; les angles antérieurs sont arrondis; les côtés sont assez fortement rebordés; ils se redressent un peu près de la base, et forment avec elle un angle obtus et peu saillant; la base est coupée un peu obliquement sur les côtés, et presque carrément dans son milieu. L'écusson est assez petit, lisse et triangulaire. Les élytres sont plus larges que le corselet, en ovale allongé et peu convexes; elles ont chacune neuf stries ordinairement lisses, mais qui, à l'aide d'une forte loupe, paraissent quelquefois très-légèrement ponctuées; les quatre premières sont assez fortement marquées; les autres le sont très-légèrement et souvent disparaissent entièrement; la première se recourbe à l'extrémité, et forme un sillon longitudinal assez marqué, plus rapproché du bord extérieur que de la suture, qui remonte presque jusqu'aux trois quarts des élytres, et qui se termine par un point enfoncé assez distinct; la seconde est un peu sinuée à l'extrémité, et va presque jusqu'au prolongement de la première; les troisième et quatrième, cinquième et sixième, sont plus courtes et se réunissent deux à deux; on voit sur la troisième strie deux points enfoncés assez distincts : le premier au quart des élytres, et le second à peu près à la moitié, et sur le troisième intervalle, près de la seconde strie, vers l'extrémité, un troisième point plus petit et moins distinct; on voit en outre le long du bord extérieur, vers la base, quelques points enfoncés assez marqués, et quelques autres moins distincts vers l'extrémité. Il y a des ailes sous les élytres. Le dessous du corps est d'une couleur un peu plus obscure que le dessus. Les pattes sont d'un jaune testacé.

Il se trouve très-communément dans presque toute l'Europe, sous les pierres, dans les endroits humides.

Le *Quadristriatus* de mon Catalogue et le *Nigriceps* de Sturm, que cet auteur m'a envoyé comme venant du midi de la France, ne me paraissent que de très-légères variétés de cet insecte.

J'ai reçu de M. le baron d'Oeskay, sous le nom d'*Humeralis*, comme venant des environs d'OEdenbourg, en Hongrie, un individu un peu plus grand, dont la couleur des élytres est un peu plus obscure dans le milieu, et plus claire vers l'angle de la base, et dont les stries extérieures sont un peu plus distinctes et paraissent très-légèrement ponctuées, mais qui ne me paraît pas cependant pouvoir être séparé de cette espèce.

Je ne crois pas que le *Trechus Rubens* de Clairville puisse être rapporté à cet insecte.

8. T. Austriacus.

Apterus, rufo-piceus; thorace quadrato, postice utrinque foveolato, angulis posticis rectis; elytris oblongo-ovatis, striatis, striis obsolete punctatis, externis obsoletis, punctisque tribus impressis; antennis pedibusque rufo-testaceis.

Dej. *Cat.* p. 16.

Long. 1 $\frac{3}{4}$ ligne. Larg. $\frac{3}{4}$ ligne.

Il ressemble beaucoup au *Rubens* par la grandeur, la forme et la couleur. Le corselet est plus carré, moins arrondi antérieurement sur les côtés, et les angles postérieurs sont coupés carrément et assez saillants. Les élytres sont un peu plus ovales et moins allongées; elles sont striées et ponctuées à peu près de la même manière, mais les stries sont légèrement ponctuées, et les extérieures sont un peu plus distinctes. Il n'y a pas d'ailes sous les élytres. Le dessous du corps est d'un brun noirâtre. Les pattes sont d'un jaune-testacé assez pâle et un peu rougeâtre.

Je l'ai trouvé très-communément aux environs de Vienne, en Autriche. J'en ai pris aussi un individu en Dalmatie.

J'ai reçu de M. Eschscholtz des individus, pris par lui au Kamtschatka, qui me semblent devoir être rapportés à cette espèce.

9. T. Rufulus. *Mihi.*

Apterus, rufo-piceus; thorace quadrato, postice utrinque foveolato, angulis posticis rectis; elytris oblongo-ovatis, striis dorsalibus distinctis, externis obsoletis, punctisque tribus impressis; antennis pedibusque rufo-testaceis.

Tachys Rufescens. Dahl.

Long. 2 lignes. Larg. 1 ligne.

Il ressemble par la forme à l'*Austriacus*, mais il est plus grand et d'une couleur un peu plus rougeâtre. Le corselet est proportionnellement un peu plus grand et plus convexe; la ligne longitudinale du milieu et l'impression transversale antérieure sont moins marquées; les côtés sont moins fortement rebordés. Les élytres sont un peu plus courtes; les trois premières stries sont lisses et assez distinctes; les autres sont presque entièrement effacées; les trois points enfoncés sont placés de la même manière. Il n'y a pas d'ailes sous les élytres. Le dessous du corps est à peu près de la couleur du dessus. Les antennes et les pattes sont d'un jaune-testacé assez pâle et un peu rougeâtre.

Il m'a été envoyé par M. Dahl comme venant de Sicile, sous le nom de *Tachys rufescens*.

10. T. Rivularis.

Apterus, piceus; thorace subquadrato, postice utrinque foveolato, angulis posticis subrectis; elytris oblongo-ovatis, striis tribus dorsalibus profundioribus, externis obsoletis, punctisque quatuor impressis; antennis pedibusque rufo-testaceis.

Dej. *Cat.* p. 16.

Bembidium Rivulare. Gyllenhal. ii. p. 33. nº 18. et iv. p. 413. nº 18.

Long. 2 lignes. Larg. $\frac{3}{4}$ ligne.

Il est un peu plus grand que le *Rubens*, et sa couleur est en-dessus d'un brun plus obscur, aussi foncée sur les élytres que sur la tête et le corselet. La tête est à peu près comme celle du *Rubens*. Les deuxième, troisième et quatrième articles des antennes sont d'un brun noirâtre. Le corselet est un peu moins convexe que celui du *Rubens*; la ligne longitudinale du milieu est moins marquée; le bord antérieur est un peu plus échancré; les angles antérieurs sont moins arrondis; les postérieurs et la base sont coupés plus carrément. Les élytres sont en ovale un peu moins allongé ; les trois premières stries sont lisses et très-fortement marquées ; les autres sont presque entièrement effacées ; la première se recourbe à l'extrémité à peu près comme dans le *Rubens;* la seconde ne va pas jusqu'à l'extrémité, et la troisième est encore plus courte ; on voit sur chaque élytre trois points enfoncés bien distincts : le premier sur la troisième strie, vers la base ; le second aussi sur la troisième, un peu avant le milieu, et le troisième entre la seconde et la troisième, à peu près aux deux tiers des élytres ; on voit en outre vers l'extrémité un quatrième point enfoncé à peine distinct, placé à peu près comme dans le *Rubens*. Je ne crois pas qu'il y ait des ailes sous les élytres. Le dessous du corps est d'un brun noirâtre, avec l'abdomen d'un brun roussâtre. Les pattes sont d'une couleur testacée assez claire et un peu roussâtre.

Il se trouve en Suède.

Je ne possède qu'un individu assez mal conservé de cette espèce.

11. T. Chalybeus.

Apterus, nigro-piceus, subcyaneo-micans ; thorace subquadrato, postice utrinque foveolato, angulis posticis subrectis ; elytris ovatis, striis obsoletissime punctatis, externis obsoletis, punctisque tribus impressis ; antennarum basi pedibusque rufis.

Sturm. *Catal.* p. 203.

Long. 2 lignes. Larg. 1 ligne.

Il est un peu plus grand que le *Rubens*, proportionnellement plus large, et sa couleur est en-dessus d'un brun noirâtre, avec un très-léger reflet bleuâtre, principalement sur les élytres. La tête est assez grande, lisse et triangulaire ; les deux lignes longitudinales sont fortement marquées et moins arquées que dans les espèces voisines. Les palpes sont d'un jaune-testacé un peu roussâtre. Les deux ou trois premiers articles des antennes sont d'un rouge ferrugineux; les autres sont d'un brun-obscur quelquefois un peu roussâtre. Les yeux sont noirâtres, assez gros et assez saillants. Le corselet est plus large que la tête, moins long que large, presque carré, légèrement arrondi sur les côtés, un peu rétréci postérieurement, lisse et assez convexe; la ligne longitudinale du milieu est assez fortement marquée; les deux impressions transversales, dont l'antérieure est en arc de cercle, le sont beaucoup moins; il a de chaque côté de la base une impression presque arrondie, assez grande et assez marquée; le bord antérieur est légèrement échancré; les angles antérieurs sont arrondis; les côtés sont assez fortement rebordés, et un peu relevés vers les angles postérieurs; ceux-ci sont coupés presque carrément, mais sont peu saillants; la base est aussi coupée presque carrément. Les élytres sont plus larges et plus ovales que celles du *Rubens;* elles sont striées et ponctuées à peu près de la même manière, mais les stries, avec une forte loupe, paraissent très-légèrement ponctuées. Il n'y a pas d'ailes sous les élytres. Le dessous du corps est d'un brun noirâtre. Les pattes sont d'un rouge-ferrugineux un peu jaunâtre.

Il se trouve communément dans l'île d'Ounalaschka, l'une des îles Aleutiennes.

12. T. Subnotatus. *Kollar.*

Apterus, piceus; thorace subquadrato, postice subangustato, utrinque foveolato, angulis posticis rectis; elytris oblongo-ovatis, striis externis obsoletis, punctisque tribus impressis; maculis duabus obsoletis, antennis pedibusque rufo-testaceis.

Long. 2 $\frac{1}{4}$ lignes. Larg. 1 ligne.

Il est un peu plus grand que le *Palpalis*, proportionnellement un peu plus allongé, et sa couleur est en-dessus d'un brun noirâtre. Le corselet est un peu plus étroit. Les élytres sont un peu plus allongées ; elles ont chacune à l'angle de la base une tache oblongue, peu distincte, d'un jaune-testacé un peu rougeâtre, et une autre de la même couleur plus petite et arrondie vers l'extrémité ; les trois ou quatre premières stries sont lisses et assez fortement marquées ; les autres sont peu distinctes et presque effacées. Il n'y a pas d'ailes sous les élytres. Le dessous du corps et les pattes sont à peu près comme dans le *Palpalis*.

Je ne possède qu'un seul individu de cet insecte ; il m'a été donné par M. Godet, comme le *Subnotatus* de Kollar ; je crois qu'il vient des îles Ioniennes, mais je n'en suis pas bien certain.

13. T. Palpalis.

Apterus, rufo-piceus ; thorace subquadrato, postice subangustato, utrinque foveolato, angulis posticis rectis ; elytris ovatis, striis dorsalibus distinctis, lævigatis, externis obsolete punctatis, punctisque tribus impressis ; antennis pedibusque rufo-testaceis.

Dej. *Cat.* p. 16.
Carabus Palpalis? Duftschmid. ii. p. 183. n° 248.

Long. 1 $\frac{3}{4}$, 2 lignes. Larg. $\frac{3}{4}$, 1 ligne.

Il ressemble beaucoup au *Rubens*, mais il est ordinairement un peu plus grand, proportionnellement un peu plus large, et il est entièrement en-dessus d'un brun-roussâtre aussi foncé sur les élytres que sur le corselet. La tête est un peu plus grande et un peu plus allongée. Le corselet est plus large antérieurement, et un peu rétréci postérieurement ; les côtés sont plus fortement rebordés ; ils se redressent près de la base, et forment avec elle un angle droit ; la base est coupée presque carrément. Les élytres sont plus larges, plus ovales et moins allongées ; elles sont striées et ponctuées à peu près de la même manière ;

les quatre premières stries sont lisses et bien distinctes; les autres sont un peu plus marquées que dans le *Rubens*, et légèrement ponctuées. Il n'y a pas d'ailes sous les élytres. Le dessous du corps est à peu près de la couleur du dessus. Les pattes sont d'un jaune-testacé un peu rougeâtre.

Je l'ai pris assez communément dans les alpes de la Styrie et de la Croatie. M. Ziegler me l'a donné comme le véritable *Palpalis* de Duftschmid; cependant je ne suis pas bien certain qu'il doive être rapporté à cette espèce.

14. T. Bannaticus. *Mihi.*

Apterus, rufo-piceus; thorace subcordato, postice utrinque foveolato, angulis posticis rectis; elytris oblongo-ovatis, striis obsolete punctatis, externis obsoletis, punctisque tribus impressis; antennarum basi pedibusque testaceis.

Long. 1 $\frac{3}{4}$ ligne. Larg. $\frac{2}{3}$ ligne.

Il ressemble au *Palpalis*, mais il est un peu plus petit et un peu plus allongé. Les palpes sont d'un jaune-testacé un peu rougeâtre. Les deux premiers articles des antennes sont de la même couleur; les autres sont d'un brun-obscur un peu roussâtre. Le corselet est un peu moins court, moins carré et plus cordiforme. Les élytres sont un peu plus étroites, plus allongées et plus convexes; elles sont striées et ponctuées à peu près de la même manière; mais les stries, à l'aide d'une forte loupe, paraissent très-légèrement ponctuées, et les intérieures sont moins fortement marquées. Il n'y a pas d'ailes sous les élytres. Le dessous du corps est à peu près de la couleur du dessus. Les pattes sont d'un jaune-testacé assez pâle.

Je ne possède qu'un individu de cet insecte; il m'a été envoyé par M. Dahl, comme pris par lui en Hongrie, dans les montagnes du Bannat.

15. T. Pyrenæus. *Mihi.*

Apterus, rufo-piceus; thorace cordato, postice utrinque foveolato, angulis posticis rectis; elytris oblongo-ovatis, striis externis obsoletis, punctisque tribus impressis; antennis pedibusque rufo-testaceis.

Long. 1 $\frac{1}{4}$ ligne. Larg. $\frac{1}{2}$ ligne.

Il est beaucoup plus petit que le *Palpalis*, et sa forme est un peu plus allongée. La tête est un peu plus obscure. Le corselet est un peu plus long, plus cordiforme et moins convexe. Les élytres sont en ovale plus allongé; elles sont striées et ponctuées à peu près de la même manière; mais les stries sont un peu moins marquées, et les extérieures ne paraissent pas ponctuées. Il n'y a pas d'ailes sous les élytres. Le dessous du corps est d'un brun noirâtre. Les pattes sont d'un jaune-testacé assez pâle et un peu rougeâtre.

Je l'ai trouvé dans les Pyrénées-Orientales.

16. T. Alpinus.

Apterus, rufo-piceus; thorace cordato, postice coarctato, utrinque foveolato, angulis posticis rectis; elytris ovatis, brevioribus, striis dorsalibus distinctis, lævigatis, externis obsoletis, striato-punctatis, punctisque tribus impressis; antennarum basi pedibusque rufo-testaceis.

Dej. *Cat.* p. 16.

Long. 1 $\frac{3}{4}$ ligne. Larg. 1 ligne.

Il ressemble beaucoup au *Palpalis*, mais il est plus court et proportionnellement un peu plus large. Le premier article des antennes est d'un jaune-testacé un peu rougeâtre; les autres sont d'un brun-obscur souvent plus ou moins roussâtre, et quelquefois même presque de la couleur du premier. Le corselet est plus cordiforme, plus arrondi antérieurement sur les côtés, plus rétréci postérieurement, et la partie qui tombe carrément sur la base est un peu plus longue. Les élytres sont plus courtes, plus ovales, presque arrondies et un peu plus convexes; elles sont striées et ponctuées à peu près de la même manière, mais les trois points enfoncés sont plus fortement marqués. Il n'y a pas d'ailes sous les élytres. Le dessous du corps est à peu près de la couleur du dessus. Les pattes sont d'un jaune-testacé un peu rougeâtre.

Je l'ai trouvé assez communément dans les alpes de la Styrie.

17. T. Croaticus.

Apterus, rufo-piceus; thorace cordato, postice utrinque foveolato, angulis posticis rectis; elytris ovatis, brevioribus, striis dorsalibus distinctis, lævigatis, externis obsoletis, striato-punctatis, punctisque tribus impressis; antennis pedibusque rufo-testaceis.

Dej. *Cat.* p. 16.

Long. 1 $\frac{2}{3}$ ligne. Larg. $\frac{3}{4}$ ligne.

Il ressemble beaucoup à l'*Alpinus*, mais il est ordinairement un peu plus petit. Les antennes sont entièrement d'un jaune-testacé un peu rougeâtre. Le corselet est moins cordiforme, moins arrondi antérieurement sur les côtés, moins rétréci postérieurement, et la partie qui tombe carrément sur la base est beaucoup plus courte. Les élytres ont à peu près la même forme que celles de l'*Alpinus*; elles me paraissent seulement un peu plus convexes; elles sont striées et ponctuées à peu près de la même manière. Il n'y a pas d'ailes sous les élytres. Le dessous du corps et les pattes sont à peu près comme dans l'*Alpinus*.

Je l'ai trouvé assez communément dans les montagnes de la

Croatie. J'ai pris dans les Alpes de la Styrie deux individus qui me paraissent appartenir à cette espèce.

18. T. Rotundatus.

Apterus, rufo-piceus; thorace subquadrato, postice subangustato, utrinque foveolato, angulis posticis rectis; elytris ovatis, brevioribus, striis externis obsoletis, punctisque tribus impressis; antennis pedibusque rufo-testaceis.

Dej. *Cat.* p. 16.

Long. 1 $\frac{1}{4}$ ligne. Larg. $\frac{1}{2}$ ligne.

Il est beaucoup plus petit que le *Croaticus*. La tête est un peu moins allongée. Le corselet est plus court, plus carré et moins rétréci postérieurement. Les élytres ont à peu près la même forme, et sont striées et ponctuées à peu près de la même manière; les quatre premières stries sont moins marquées; les autres sont presque entièrement effacées, et ne paraissent pas ponctuées. Il n'y a pas d'ailes sous les élytres. Le dessous du corps, les pattes et les antennes sont à peu près comme dans le *Croaticus*.

J'ai trouvé deux individus de ce petit insecte dans les Alpes de la Styrie.

19. T. Limacodes. *Ziegler.*

Apterus, rufo-piceus; thorace cordato, postice utrinque foveolato, angulis posticis rectis; elytris ovatis, brevioribus, striis tribus dorsalibus distinctis, externis obsoletis, punctisque tribus impressis; antennis pedibusque rufo-testaceis.

Dej. *Cat.* p. 16.

Long. 1 ligne. Larg. $\frac{1}{2}$ ligne.

Il est un peu plus petit que le *Rotundatus*. La tête est un peu plus obscure, et sa forme est un peu plus allongée. Les yeux sont un peu moins saillants. Le corselet est un peu plus allongé, plus rétréci postérieurement et plus cordiforme; la partie qui tombe carrément sur la base est plus longue et plus distincte. Les élytres ont à peu près la même forme, et sont striées et ponctuées à peu près de la même manière; mais les trois premières stries sont assez fortement marquées; les autres sont presque entièrement effacées. Il n'y a pas d'ailes sous les élytres. Le dessous du corps, les pattes et les antennes sont à peu près comme dans le *Rotundatus*.

Je ne possède qu'un seul individu de ce petit insecte; je l'ai trouvé dans les alpes de la Styrie; j'en ai vu d'autres dans la collection de M. Ziegler, sous le nom que j'ai conservé à cette espèce.

20. T. Secalis.

Apterus, ferrugineus; thorace subgloboso, angulis posticis rotundatis; elytris ovatis, striis quinque dorsalibus punctatis, externis obsoletissimis, punctisque tribus impressis; pedibus pallide testaceis.

Sturm. vi. p. 96. n° 17. t. 152. fig. d. D.
Dej. *Cat.* p. 16.
Carabus Secalis. Paykull. *Fauna suecica.* i. p. 146. n° 63.
Oliv. iii. 35. p. 114. n° 162. t. 14. fig. 161. a. b.
Sch. *Syn. ins.* i. p. 219. n° 280.
Duftschmid. ii. p. 62. n° 60.
Bembidium Secale. Gyllenhal. ii. p. 36. n° 21. et iv. p. 414. n° 21.
Sahlberg. *Dissert. entom. ins. Fennica.* p. 205. n° 33.
Var. A. *T. Aquatilis.* Ziegler. Dej. *Cat.* p. 16.
Var. B. *T. Fulvescens.* Dej. *Cat.* p. 16.

Long. 1 ¾ ligne. Larg. ¾ ligne.

Il est à peu près de la grandeur du *Rubens*, et il est entièrement en-dessus d'une couleur ferrugineuse quelquefois assez obscure et quelquefois très-claire. La tête est assez grande, peu avancée, presque triangulaire, et elle a de chaque côté entre les yeux une impression longitudinale fortement marquée et légèrement arquée. Les palpes sont d'un jaune-testacé assez pâle. Les antennes sont d'une couleur un peu moins claire et un peu rougeâtre. Les yeux sont noirâtres, assez grands et peu saillants. Le corselet est plus large que la tête, moins long que large, assez court, très-arrondi sur les côtés, un peu rétréci postérieurement, lisse et très-convexe; la ligne longitudinale du milieu est peu marquée; l'impression transversale antérieure est peu distincte; la postérieure est un peu plus marquée et très-rapprochée de la base; il a de chaque côté de cette dernière une petite impression presque arrondie et peu apparente; le bord antérieur est très-légèrement échancré; les angles antérieurs sont arrondis; les côtés sont rebordés; les angles postérieurs sont très-arrondis et à peine marqués; la base est presque coupée carrément et très-légèrement échancrée dans son milieu. Les élytres sont un peu plus larges que le corselet, un peu plus courtes que celles du *Rubens*, plus ovales et plus convexes; les cinq premières stries sont assez marquées et assez fortement ponctuées : la première est entière et se recourbe comme dans le *Rubens;* la seconde ne va pas jusqu'à l'extrémité; les troisième et quatrième sont un peu plus courtes, et la cinquième ne dépasse guère la moitié des élytres; toutes les autres sont entièrement effacées; on voit sur la troisième strie deux points enfoncés assez distincts : le premier vers la base, et le second un peu avant le milieu; on voit en outre un troisième point un peu moins marqué, à peu près aux trois quarts des élytres, sur le troisième intervalle, près de la troisième strie. Il n'y a pas d'ailes sous les élytres. Le dessous du corps est à peu près de la couleur du dessus. Les pattes sont d'un jaune-testacé assez pâle.

Il se trouve assez communément en Suède, en Russie, en Allemagne, en Suisse et en Angleterre; il est plus rare en France.

Les *Aquatilis* et *Fulvescens* de mon catalogue ne me paraissent que de très-légères variétés de cette espèce.

21. T. Antarcticus. *Mihi.*

Apterus, obscure æneus; thorace cordato, postice utrinque striato, angulis posticis rectis; elytris ovatis, striis obsoletissime punctatis, externis obsoletis, punctisque tribus impressis; antennarum basi pedibusque rufis.

Long. 2 $\frac{1}{4}$ lignes. Larg. 1 $\frac{1}{4}$ ligne.

Il est plus grand que le *Rubens*, et sa couleur est entièrement en-dessus d'un bronzé obscur. La tête est presque triangulaire et assez allongée; les deux lignes longitudinales sont fortement marquées et un peu moins arquées que dans les espèces d'Europe. Les mandibules sont d'un brun roussâtre. Les palpes sont d'un brun obscur. Les deux premiers articles des antennes sont d'un rouge ferrugineux; les autres sont d'un brun obscur. Les yeux sont noirâtres, arrondis, assez gros et assez saillants. Le corselet est plus large que la tête, moins long que large, arrondi antérieurement sur les côtés, rétréci postérieurement, assez fortement cordiforme et légèrement convexe; il a quelques rides transversales ondulées, peu apparentes; la ligne longitudinale du milieu est assez fortement marquée; les deux impressions transversales, dont l'antérieure est en arc de cercle, sont peu distinctes; il a de chaque côté de la base une impression longitudinale assez longue et fortement marquée, dont le fond et les bords sont un peu rugueux; le bord antérieur est légèrement échancré; les angles antérieurs sont arrondis; les côtés sont assez fortement rebordés et un peu relevés; ils tombent carrément sur la base, et forment avec elle un angle droit assez saillant; la base est coupée carrément. Les élytres sont presque le double plus larges que le corselet, en ovale peu allongé et assez convexes; elles sont striées et ponctuées à peu près comme dans le *Rubens*; mais les stries paraissent, avec une forte loupe, très-légèrement ponctuées; les intérieures sont un peu moins marquées, et les extérieures sont au contraire un peu plus distinctes. Il n'y a pas d'ailes sous les élytres. Le dessous du corps est d'un brun noirâtre. Les pattes sont d'un rouge ferrugineux.

Il se trouve aux îles Malouines, d'où il a été rapporté par M. d'Urville.

22. T. Fulvescens.

Apterus, depressus, testaceus; capite majore; thorace cordato, angulis posticis subrectis; elytris oblongo-ovatis, subparallelis, obsolete striatis.

Æssus Fulvescens. Leach.
Blemus Fulvescens. Dej. *Cat.* p. 16.

Long. 1 ligne. Larg. $\frac{1}{3}$ ligne.

Il est très-petit, assez allongé, presque plane, et il se rapproche un peu par la forme du *Bembidium Areolatum*. Sa couleur est entièrement d'un jaune-testacé assez pâle. La tête est grande, un peu rétrécie postérieurement, presque ovale, et elle a de chaque côté, entre les yeux, une impression longitudinale légèrement arquée et très-fortement marquée. Les antennes sont assez fortes et un peu plus longues que la moitié du corps. Les yeux sont noirs, très-petits et ne sont pas du tout saillants. Le corselet est à peu près de la largeur de la tête, presque aussi long que large, légèrement arrondi antérieurement sur les côtés, rétréci postérieurement, fortement cordiforme et presque plane; la ligne longitudinale du milieu est assez marquée; les deux impressions transversales sont peu distinctes; le bord antérieur est assez fortement échancré; les angles antérieurs sont presque aigus; les côtés sont légèrement rebordés; ils tombent un peu obliquement sur la base, et forment avec elle un angle presque droit et nullement saillant; la base est coupée presque carrément. Les élytres sont un peu plus larges que le corselet, en ovale allongé, presque parallèles et très-planes; elles ont des stries très-peu marquées et presque entièrement effacées. Je ne crois pas qu'il y ait des ailes sous les élytres. Les pattes sont d'une couleur un peu plus pâle que le reste du corps.

Il se trouve en Angleterre et en France sur les bords de l'Océan, sous les pierres que la mer laisse à découvert à la marée basse, et l'on peut dire que cet insecte vit presque toujours dans l'eau salée.

Je ne suis pas bien certain que cette espèce appartienne à ce genre.

II. LACHNOPHORUS. *Mihi.*

Dernier article des palpes extérieurs assez allongé, un peu renflé vers la base, diminuant insensiblement de grosseur et terminé en pointe; le pénultième des maxillaires moins long que le dernier, aussi gros que lui à son extrémité, assez mince à sa base et presque en triangle allongé. Antennes filiformes. Lèvre supérieure assez courte et presque transversale. Mandibules peu avancées, arquées et assez aiguës. Une dent simple au milieu de l'échancrure du menton. Corps oblong et pubescent. Tête presque triangulaire. Corselet fortement cordiforme. Élytres presque parallèles.

J'ai donné à ce nouveau genre le nom de *Lachnophorus*, tiré des deux mots grecs λάχνη, duvet, poil, et φέρω, je porte.

Il est établi sur deux espèces américaines qui par leur *facies* se rapprochent beaucoup des *Bembidium*, surtout des *Leja* et des *Lopha* de Megerle, mais dont les palpes sont presque comme dans les *Trechus*.

La lèvre supérieure, les mandibules, le menton et les antennes sont à peu près comme dans les *Bembidium*. Les palpes ont le plus grand rapport avec ceux des *Trechus;* seulement le dernier article est plus gros vers sa base, et le pénultième des maxillaires est plus court, plus renflé à son extrémité et presque en triangle allongé. Tout le corps est couvert de poils assez longs et peu serrés. La tête est presque triangulaire. Les yeux sont gros et saillants. Le corselet est assez étroit, fortement cordiforme, et n'a pas d'impression distincte de chaque côté de la base. Les élytres sont assez larges, très-légèrement ovales, presque parallèles, et leurs stries sont entières. Les pattes sont à peu près comme celles des *Bembidium*. Je ne possède que des femelles, et je ne puis dire de quelle manière les tarses sont dilatés dans les mâles.

1. L. Pilosus.

Niger, pubescens; thorace cordato, angulis posticis rectis; elytris subparallelis, striis integris, antice profunde punctatis, postice lævigatis, macula postica pallide testacea; antennarum basi pedibusque piceis.

Leja Pilosa. Eschscholtz.

Long. 1 $\frac{3}{4}$ ligne. Larg. $\frac{3}{4}$ ligne.

Il est un peu plus petit que le *Bembidium Quadriguttatum*. Sa couleur est en-dessus d'un noir assez brillant, avec un très-léger reflet bronzé sur la tête et le corselet, et il est entièrement couvert de poils assez longs et peu serrés, qui le font paraître pubescent. La tête est assez grande, presque triangulaire, et elle a de chaque côté entre les antennes une impression longitudinale assez marquée. Les mandibules et les palpes sont d'un brun noirâtre. Les antennes sont plus courtes que la moitié du corps; leurs quatre premiers articles sont d'un brun-obscur un peu roussâtre; les autres sont d'un brun noirâtre. Les yeux sont arrondis, assez gros et très-saillants, ce qui fait paraître la tête rétrécie postérieurement. Le corselet est à peu près de la largeur de la tête y compris les yeux, moins long que large, très-arrondi sur les côtés antérieurement, très-rétréci postérieurement, fortement cordiforme et très-convexe; la ligne longitudinale du milieu est assez marquée; l'impression transversale antérieure est assez distincte; la postérieure est plus fortement marquée, et forme presque un angle sur la ligne du milieu; il n'y a pas d'impression distincte de chaque côté de la base; le bord antérieur est coupé presque carrément; les angles antérieurs sont arrondis; les côtés sont légèrement rebordés; ils se redressent brusquement près de la base, et forment avec elle un angle droit; la base est coupée carrément. Les élytres sont presque le double plus larges que le corselet, légèrement ovales, presque parallèles et peu convexes; elles ont chacune, vers le bord extérieur, à peu près aux trois quarts de leur longueur, une tache presque arrondie d'un jaune-testacé très-pâle et presque blanchâtre; les stries sont entières, fortement marquées dans toute leur longueur, fortement ponctuées depuis la base jusqu'au milieu, et lisses depuis le milieu jusqu'à l'extrémité; les troisième et quatrième, sixième et septième se réunissent deux à deux et ne vont pas tout-à-fait jusqu'à l'extrémité; les intervalles sont planes; avec une forte loupe ils paraissent légèrement ponctués; on aperçoit sur la seconde strie trois points enfoncés assez grands, mais très-peu marqués : le premier au quart; le second un peu avant le milieu, et le troisième un peu au-delà du milieu des élytres. Le dessous du corps est noir. Les cuisses sont d'un brun-obscur un peu roussâtre. Les jambes et les tarses sont d'une couleur un peu plus claire.

Il se trouve au Brésil, et il m'a été envoyé par M. Eschscholtz, sous le nom spécifique que je lui ai conservé.

2. L. Pubescens. *Mihi.*

Niger, pubescens ; thorace cordato, angulis posticis rectis; elytris subparallelis, striis integris, antice profunde punctatis, postice lævigatis; antennarum basi, tibiis tarsisque piceis.

Long. 2 lignes. Larg. $\frac{3}{4}$ ligne.

Il est un peu plus grand que le *Pilosus*, et proportionnellement un peu plus allongé. La tête et les antennes sont à peu près comme dans le *Pilosus*. Le corselet est un peu moins large et moins arrondi antérieurement. Les élytres sont un peu moins larges et un peu plus allongées; il n'y a aucune trace de tache jaunâtre vers l'extrémité; les stries sont disposées à peu près de la même manière, mais on n'aperçoit aucun point enfoncé sur la seconde. Le dessous du corps et les cuisses sont noirs. Les jambes et les tarses sont d'un brun-obscur un peu roussâtre.

Il se trouve dans l'Amérique septentrionale, et je l'ai reçu de M. Leconte.

III. BEMBIDIUM. *Latreille.*

Cillenum. *Leach*. Blemus. *Ziegler*. Tachys. Notaphus. Peryphus. Leja. Lopha. Tachypus. *Megerle*. Ocydromus. *Frölich*. Elaphrus. *Duftschmid*. Carabus. *Fabricius*.

Les deux premiers articles des tarses antérieurs assez fortement dilatés dans les mâles ; le premier très-grand, légèrement trapézoïde et presque en carré allongé; le second beaucoup plus petit, triangulaire ou cordiforme et plus saillant en dedans qu'en dehors. Pénultième article des palpes extérieurs très-grand, renflé vers l'extrémité et presque en forme de massue; le dernier très-petit, terminé en pointe et comme implanté sur le pénultième. Lèvre supérieure courte et presque transversale. Mandibules ordinairement peu avancées, plus ou moins arquées et assez aiguës. Une dent simple au milieu de l'échancrure du menton. Corps oblong, plus ou moins allongé. Tête presque triangulaire. Corselet plus ou moins cordiforme ou carré, très-rarement arrondi. Élytres en ovale plus ou moins allongé.

Ce genre créé par Latreille est depuis long-temps adopté par presque tous les entomologistes. Les espèces qui le composent étant très-nombreuses, et offrant souvent un *facies* très-différent, Megerle l'avait divisé en plusieurs genres qu'il avait nommés *Tachys*, *Notaphus*, *Bembidium*, *Peryphus*, *Leja*, *Lopha* et *Tachypus*; Ziegler y avait ajouté celui de *Blemus*, et Leach celui de *Cillenum*.

Quoique ces entomologistes n'eussent point donné les caractères de ces genres, comme les espèces qui les composaient me paraissaient assez bien groupées, j'avais cru devoir les adopter dans le Catalogue imprimé que je fis paraître en 1821; mais, lorsque je vins à les examiner attentivement, il me fut impossible de trouver des caractères suffisants pour former des genres, et je fus obligé, à l'exemple de Latreille, Bonelli et Sturm, de les réunir toutes en un seul genre sous le nom de *Bembidium*.

Voici les principaux caractères qui peuvent servir à les distinguer.

La lèvre supérieure est presque plane, courte, transversale, ordinairement coupée presque carrément antérieurement, quelquefois un peu arrondie ou très-légèrement échancrée. Les mandibules sont ordinairement peu avancées, plus ou moins arquées et assez aiguës. Le menton est fortement échancré, et il a une dent simple au milieu de son échancrure. Les palpes extérieurs sont assez saillants; le pénultième des maxillaires est assez grand, presque en forme de massue et plus ou moins renflé vers l'extrémité; celui des labiaux est un peu moins gros; le dernier des uns et des autres est très-petit, terminé en pointe et comme implanté sur le pénultième. Les antennes sont filiformes et ordinairement à peu près de la longueur de la moitié du corps, quelquefois un peu plus longues, quelquefois un peu plus courtes; le premier article est plus gros que les autres, ordinairement presque cylindrique et quelquefois un peu renflé vers l'extrémité; les trois suivants sont légèrement obconiques; le second est toujours plus court que les autres; les suivants sont égaux entre eux, plus ou moins allongés, très-légèrement comprimés et presque en carré allongé, dont les angles sont arrondis; le dernier est ovalaire et terminé en pointe obtuse. Le corps est oblong, quelquefois assez allongé, quelquefois assez raccourci. La tête est plus ou moins triangulaire; les deux lignes que l'on voit entre les antennes sont presque toujours moins fortement marquées, et ne sont pas arquées comme dans les *Trechus*. Le corselet est plus ou moins cordiforme, plus ou moins carré et très-rarement arrondi. Les élytres sont ordinairement en ovale plus ou moins allongé et très-rarement parallèles. Il y a toujours des ailes sous les élytres. Les pattes sont assez grandes pour la grosseur de l'insecte. Les jambes antérieures sont fortement échancrées. Les articles des tarses sont assez allongés, presque cylindriques ou très-légèrement triangulaires; les deux premiers des tarses antérieurs sont assez fortement dilatés dans les mâles : le premier est très-grand, légèrement trapézoïde et presque en carré allongé; le second est beaucoup plus petit, triangulaire ou cordiforme, et plus saillant en-dedans qu'en-dehors.

Ce genre étant très-nombreux en espèces, il devenait indispensable d'y établir plusieurs divisions, et, après plusieurs essais, je me suis déterminé à adopter les suivantes qui correspondent à peu près aux genres indiqués dans mon Catalogue; je ne puis cependant me dispenser de faire observer que les caractères de ces divisions ne sont pas bien fixés, qu'elles se lient insensiblement les unes aux autres, et que ce sont plutôt des groupes d'espèces que de véritables divisions.

1re Division. *Cillenum*. Leach.

Corps allongé; antennes assez courtes, presque moniliformes; mandibules fortes et arquées; yeux peu saillants; corselet cordiforme; élytres presque parallèles; stries entières.

Une seule espèce, d'Europe, qui doit peut-être former un genre particulier.

2e Division. *Blemus*. Ziegler.

Corps déprimé et allongé; antennes filiformes et assez longues; mandibules assez avancées et peu arquées; yeux assez saillants; corselet cordiforme; élytres presque parallèles; stries entières.

Une seule espèce, d'Europe.

3e Division. *Tachys*. Megerle.

Ordinairement de très-petite taille; se rapprochant un peu

des *Trechus* par la forme et la couleur; souvent jaunâtres, quelquefois noirâtres, rarement métalliques; corselet plus ou moins carré; élytres en ovale peu allongé, souvent assez courtes; stries extérieures le plus souvent complètement effacées; la première se recourbant à l'extrémité, à peu près comme dans les *Trechus*.

Vingt-quatre espèces, dont quatorze d'Europe, huit de l'Amérique septentrionale et deux du Sénégal; ces deux dernières espèces doivent peut-être former un genre particulier.

Quelques espèces de cette division vivent sous les écorces.

4ᵉ Division. *Notaphus*. Megerle.

Corps ordinairement un peu déprimé et assez large; corselet presque toujours plus ou moins carré, rarement cordiforme, avec deux stries de chaque côté de la base, cette dernière coupée carrément; stries des élytres entières ou presque entières.

Treize espèces, dont sept d'Europe, une de Sibérie, quatre de l'Amérique septentrionale et une d'Égypte.

5ᵉ Division.

Corps ordinairement un peu déprimé et assez large; tête large; yeux gros et assez saillants; corselet plus ou moins carré, souvent transversal, ayant une strie de chaque côté de la base, cette dernière coupée plus ou moins obliquement sur les côtés; stries des élytres entières, souvent deux fossettes plus ou moins marquées.

Treize espèces, dont quatre d'Europe, six de l'Amérique septentrionale, une d'Égypte et deux du Sénégal.

Cette division comprend la plus grande partie des *Bembidium* de Megerle.

6ᵉ Division.

Tête ponctuée, au moins en partie; corselet cordiforme, point de stries ou de fossettes de chaque côté de la base, ou au moins très-peu apparentes; élytres peu allongées; stries entières, ou effacées vers l'extrémité.

Cinq espèces, dont quatre d'Europe et une du Brésil.

Cette division est formée de quelques espèces comprises dans les *Bembidium* de Megerle, mais qui s'éloignent beaucoup des précédentes.

7e Division. *Peryphus*. Megerle.

Ordinairement de taille assez grande; corselet presque toujours cordiforme, assez plane, au moins un enfoncement de chaque côté de la base; les sept premières stries des élytres ordinairement presque entières.

Quarante-trois espèces, dont trente-neuf d'Europe, une de Sibérie et trois de l'Amérique septentrionale.

8e Division. *Leja*. Megerle.

Ordinairement de petite taille; corselet souvent cordiforme, rarement carré ou arrondi, assez court, assez convexe, arrondi antérieurement, assez fortement rétréci postérieurement, au moins un enfoncement de chaque côté de la base; stries des élytres, surtout les extérieures, plus ou moins effacées vers l'extrémité.

Vingt-six espèces, dont vingt-une d'Europe, quatre de l'Amérique septentrionale et une de Cayenne.

9e Division. *Lopha*. Megerle.

Corselet cordiforme, assez allongé, l'enfoncement de chaque côté de la base le plus souvent à peine distinct; ordinairement quatre taches blanchâtres sur les élytres.

Six espèces, dont cinq d'Europe et une de l'Amérique septentrionale.

10e Division. *Tachypus*. Megerle.

Légèrement pubescents, entièrement ponctués, et se rapprochant des *Elaphrus* par le *facies*; yeux gros et saillants; corselet fortement cordiforme; élytres sans stries distinctes.

Trois espèces, d'Europe.

Presque toutes les espèces de ce genre se trouvent aux bords des eaux, dans le sable, sous les débris de végétaux ou courant sur la vase; on les trouve aussi communément dans les endroits humides, sous les pierres; quelques espèces ne se trouvent que dans les montagnes, et quelques autres sous les écorces.

PREMIÈRE DIVISION.

Cillenum. *Leach.*

1. B. Leachii. *Mihi.*

Capite thoraceque viridi-æneis; thorace cordato, postice transverse impresso; elytris elongatis, subparallelis, flavescentibus, æneo-micantibus, striato-punctatis, punctisque quatuor impressis; antennarum basi pedibusque pallide testaceis.

Cillenum Laterale. Leach.
Blemus Lateralis. Dej. *Cat.* p. 16.

Long. 1 $\frac{3}{4}$ ligne. Larg. $\frac{2}{3}$ ligne.

Sa forme est allongée, étroite et presque parallèle. La tête et le corselet sont d'un vert-bronzé assez brillant et quelquefois un peu cuivreux. La tête est assez grande, non rétrécie postérieurement, lisse, et elle a de chaque côté, entre les antennes, une impression longitudinale assez fortement marquée. La lèvre supérieure est d'un jaune-testacé un peu roussâtre. Les mandibules sont assez grandes et assez fortes; elles sont de la même couleur, avec un léger reflet bronzé, et l'extrémité un peu noirâtre. Les palpes sont aussi d'un jaune-testacé un peu roussâtre. Les antennes sont assez fortes et à peu près de la longueur de la tête et du corselet; leurs premiers articles sont d'un jaune-testacé assez pâle; les autres sont plus obscurs et presque d'un brun roussâtre. Les yeux sont noirâtres, assez gros et peu saillants. Le corselet est un peu plus large que la tête, presque aussi long que large, légèrement arrondi antérieurement sur les côtés, rétréci postérieurement, fortement cordiforme et peu convexe; la ligne longitudinale du milieu est peu marquée; il a quelques rides transversales ondulées, peu apparentes; l'impression transversale antérieure est en arc de cercle et peu distincte; la postérieure est presque transversale, assez rapprochée de la base et assez fortement marquée ; le fond de ces impressions est un peu rugueux ; le bord antérieur est légèrement échancré; les angles antérieurs sont coupés presque carrément; les côtés sont assez fortement rebordés; ils se redressent près de la base et forment avec elle un angle droit; la base est légèrement sinuée, coupée un peu obliquement sur les côtés, et un peu échancrée dans son milieu. Les élytres sont d'un jaune-testacé assez pâle, avec un très-léger reflet bronzé, un peu plus larges que le corselet, allongées, presque parallèles et peu convexes; les stries sont assez marquées et assez fortement ponctuées; on voit sur la troisième quatre points enfoncés bien distincts: le premier vers la base; le second un peu avant le milieu; le troisième au-delà du milieu, et le quatrième vers l'extrémité. Le dessous du corps est d'un brun-noirâtre très-légèrement bronzé. Les pattes sont d'un jaune-testacé assez pâle.

Je possède deux individus de cet insecte; l'un m'a été envoyé d'Angleterre par M. Leach; l'autre a été pris sur le bord de la mer dans le département du Nord.

SECONDE DIVISION.

Blemus. *Ziegler.*

2. B. Areolatum.

Nigro-piceum, subpubescens; thorace cordato, subcanaliculato, angulis posticis rectis; elytris oblongis, subparallelis, depressis, striato-punctatis, macula magna communi rufa; antennarum basi pedibusque rufo-testaceis.

Sturm. vi. p. 155. n° 32.

Carabus Areolatus. Creutzer. *Entom. vers.* p. 115. n° 7. t. 2. fig. 19. a.

Elaphrus Areolatus. Duftschmid. ii. p. 220. n° 39.

Blemus Areolatus. Dej. *Cat.* p. 16.

Long. 1 ligne. Larg. $\frac{1}{3}$ ligne.

Il est très-petit, allongé, et sa couleur est en-dessus d'un brun-noirâtre plus ou moins foncé et quelquefois un peu roussâtre. Il est couvert, surtout sur les élytres, de petits poils très-courts et assez serrés, qui le font paraître légèrement pubescent. La tête est assez grande, presque triangulaire, rétrécie postérieurement, et elle a entre les yeux deux impressions longitudinales arquées, très-fortement marquées. La lèvre supérieure, les mandibules et les palpes sont d'un brun roussâtre. Les antennes sont à peu près de la longueur de la moitié du corps; leurs premiers articles sont d'une couleur testacée un peu rougeâtre; les autres sont d'un brun-obscur plus ou moins clair et quelquefois presque de la couleur des premiers. Les yeux sont noirâtres, assez gros et assez saillants. Le corselet est plus large que la tête, presque aussi long que large, arrondi antérieurement sur les côtés, rétréci postérieurement, fortement cordiforme et légèrement convexe; la ligne longitudinale du milieu est très-fortement marquée, mais elle ne va pas tout-à-fait jusqu'au bord antérieur, ni jusqu'à la base; les deux impressions transversales sont à peine distinctes; le bord antérieur est légèrement échancré; les angles antérieurs sont arrondis; les côtés sont rebordés; ils se redressent près de la base et forment avec elle un angle droit assez saillant; la base est coupée presque carrément. Les élytres sont plus larges que le corselet, assez allongées, presque parallèles et presque planes; elles ont une grande tache commune plus ou moins distincte, d'un rouge ferrugineux, qui se rapproche un peu plus du bord extérieur que de la base et de l'extrémité, et dont les bords se fondent insensiblement avec la couleur du reste des élytres; les stries sont assez distinctes et légèrement ponctuées. Le dessous du corps est d'un brun noirâtre. Les pattes sont d'un jaune-testacé un peu rougeâtre.

Je l'ai trouvé communément dans le sable aux bords des rivières et des ruisseaux, dans le midi de la France, en Espagne, en Allemagne, en Autriche et en Dalmatie.

TROISIÈME DIVISION.

TACHYS. *Megerle.*

3. B. FULVICOLLE. *Mihi.*

Capite thoraceque rufis; vertice obscuriore; thorace subquadrato, angulis posticis rectis; elytris oblongo-ovatis, pallide testaceis, obsolete striatis, punctis duobus obsoletis impressis, maculaque communi postica fusca; antennarum basi pedibusque pallide testaceis.

Trechus Ruficollis. DEJ. *Cat.* p. 16.

Long. 1 $\frac{1}{4}$ ligne. Larg. $\frac{1}{2}$ ligne.

Il ressemble beaucoup au *Scutellare*, mais il est un peu plus grand. La tête est un peu plus allongée, d'un rouge ferrugineux, avec le milieu plus obscur et presque noirâtre. La lèvre supérieure, les mandibules et les palpes sont d'un jaune-testacé un peu rougeâtre. Les yeux sont moins saillants. Le corselet est entièrement d'un rouge ferrugineux; les deux impressions transversales sont assez fortement marquées, et forment toutes les deux un angle sur la ligne du milieu; il n'y a pas d'impression apparente de chaque côté de la base; les angles postérieurs sont coupés un peu plus carrément. Les élytres sont d'une couleur un peu plus jaunâtre; elles ont à peu près la même forme, et elles sont striées et ponctuées à peu près de la même manière; seulement les deux points enfoncés que l'on voit sur la troisième strie sont moins distincts; il n'y a pas de tache obscure autour de l'écusson, et celle de l'extrémité est peu distincte. Le dessous du corps et les pattes sont à peu près comme dans le *Scutellare*.

Je ne possède qu'un seul individu de cette espèce; je l'ai trouvé en Dalmatie.

4. B. SCUTELLARE.

Piceum; thorace subquadrato, postice utrinque obsolete foveo-

lato, angulis posticis subrectis; elytris oblongo-ovatis, albicantibus, obsolete striatis, punctis duobus impressis, maculisque magnis communibus duabus fuscis, prima ad basim triangulari, altera postica; antennarum basi pedibusque pallide testaceis.

Trechus Scutellaris. Dej. *Cat.* p. 16.
B. Substriatum. Sturm. *Catal.* p. 100.
Trechus Riparius. Ullrich.

Long. 1 ligne. Larg. $\frac{1}{3}$ ligne.

Il est à peu près de la grandeur de l'*Areolatum*, mais il est un peu plus large. La tête et le corselet sont d'un brun-noirâtre plus ou moins obscur et quelquefois un peu roussâtre. La tête est peu allongée, presque triangulaire, et elle a, entre les antennes, deux impressions longitudinales assez fortement marquées. La lèvre supérieure, les mandibules et les palpes sont d'un brun roussâtre. Les antennes sont à peu près de la longueur de la moitié du corps; leurs premiers articles sont d'un jaune-testacé assez pâle; les autres sont d'un brun-obscur quelquefois un peu roussâtre. Les yeux sont noirâtres, assez gros et assez saillants, ce qui fait paraître la tête rétrécie postérieurement. Le corselet est plus large que la tête, moins long que large, presque carré, très-légèrement arrondi sur les côtés antérieurement, un peu rétréci postérieurement, lisse et peu convexe; la ligne longitudinale du milieu est peu marquée; les deux impressions transversales sont à peine distinctes; il a de chaque côté de la base une petite impression presque arrondie et peu marquée; le bord antérieur est légèrement échancré; les angles antérieurs sont presque arrondis; les côtés sont assez largement rebordés, surtout vers les angles postérieurs, qui sont un peu relevés; ces derniers sont coupés presque carrément; la base est coupée un peu obliquement sur les côtés, et presque carrément dans son milieu. Les élytres sont plus larges que le corselet, en ovale allongé, peu convexes et d'un blanc un peu jaunâtre; elles ont deux grandes taches communes d'un brun obscur: la première triangulaire à la base entourant l'écusson ; la seconde plus grande, presque arrondie, à l'extrémité ; le bord de ces taches se fond insensiblement avec la couleur du reste des élytres; elles sont plus ou moins marquées et quelquefois à peine distinctes; les stries sont très-peu marquées; avec une très-forte loupe elles paraissent quelquefois très-légèrement ponctuées; les deux premières sont un peu plus distinctes, et l'extrémité de la première se recourbe comme dans les *Trechus;* cette extrémité et celle de la huitième sont bien distinctement marquées; on aperçoit sur la troisième strie deux points enfoncés à peines distincts : le premier un peu avant le milieu, et le second vers l'extrémité. Le dessous du corps est d'un brun noirâtre. Les pattes sont d'un jaune-testacé assez pâle.

Il se trouve communément sur le bord des eaux, dans le midi de la France ; je l'ai pris aussi en Dalmatie.

M. Sturm me l'a envoyé comme le *Substriatum* de son Catalogue, et je l'ai reçu de M. Ullrich, sous le nom de *Trechus Riparius.*

5. B. Elongatulum.

Piceum; thorace subquadrato, postice subangustato, utrinque foveolato, angulis posticis rectis; elytris oblongo-ovatis, striis duabus dorsalibus distinctis, externis obsoletis, punctoque impresso; antennarum basi pedibusque pallide testaceis.

Trechus Elongatulus. Dej. *Cat.* p. 16.

Long. 1 ligne. Larg. $\frac{1}{3}$ ligne.

Il ressemble beaucoup au *Bistriatum*, mais il est un peu plus grand et proportionnellement un peu plus allongé. Le corselet est un peu plus rétréci postérieurement, et les angles postérieurs sont un peu plus saillants. Les élytres sont un peu plus allongées, et sont striées et ponctuées à peu près de la même manière.

Je l'ai trouvé assez communément en Espagne.

6. B. Bistriatum. *Megerle.*

Piceum; thorace subquadrato, postice utrinque foveolato, angulis posticis subrectis; elytris oblongo-ovatis, striis duabus dorsalibus distinctis, externis obsoletis, punctoque impresso; antennarum basi pedibusque pallide testaceis.

Sturm. vi. p. 152. n° 30. t. 160. fig. b. B.
Elaphrus Bistriatus. Duftschmid. ii. p. 205. n° 18.
Trechus Bistriatus. Dej. *Cat.* p. 16.
Var. A. *Trechus Pallescens.* Dej. *Cat.* p. 16.
Var. B. *Trechus Angustatus.* Dej. *Cat.* p. 16.
Var. C. *Tachys Pusillus.* Dej. *Cat.* p. 16.

Long. $\frac{3}{4}$ ligne. Larg. $\frac{1}{4}$ ligne.

Il ressemble beaucoup au *Scutellare*, mais il est plus petit, et sa couleur est entièrement en-dessus d'un brun-obscur un peu roussâtre, quelquefois un peu plus obscure et presque noirâtre sur la tête, et quelquefois plus claire et presque d'un jaune testacé sur le corselet et les élytres. La tête est peu allongée, presque triangulaire, et elle a entre les antennes deux impressions longitudinales assez fortement marquées. La lèvre supérieure, les mandibules et les palpes sont d'un brun roussâtre. Le premier article des antennes est d'un jaune-testacé assez pâle; les autres sont d'un brun-obscur quelquefois un peu roussâtre. Les yeux sont noirâtres, assez gros et assez saillants, ce qui fait paraître la tête rétrécie postérieurement. Le corselet est plus large que la tête, moins long que large, presque carré, très-légèrement arrondi sur les côtés antérieurement, un peu rétréci postérieurement, lisse et légèrement convexe; la ligne longitudinale du milieu est assez marquée; l'impression transversale antérieure est à peine distincte; la postérieure est assez marquée et forme un angle sur la ligne du milieu; il a de chaque côté de la base une petite impression presque arrondie et bien distincte; le bord antérieur est légèrement échancré; les angles antérieurs sont presque arrondis; les côtés sont rebordés; les angles postérieurs sont presque coupés carrément, mais sont peu saillants; la base est coupée un peu obliquement sur les côtés, et presque carrément dans son milieu. Les élytres sont plus larges que le corselet en ovale allongé et peu convexes; elles sont striées à peu près comme dans le *Scutellare*, mais les deux premières stries sont un peu plus marquées; les extérieures sont au contraire moins distinctes et ne paraissent pas ponctuées; le premier point enfoncé paraît placé entre la troisième et la quatrième strie, et le second se confond entièrement avec la partie recourbée de la première strie. Le dessous du corps est d'un brun noirâtre. Les pattes sont d'un jaune-testacé assez pâle.

Il se trouve communément sur le bord des eaux, en France, en Espagne, en Allemagne, en Autriche, en Dalmatie et dans les provinces méridionales de la Russie.

Les *Trechus Pallescens*, *Angustatus* et le *Tachys Pusillus* de mon Catalogue, ne me paraissent que de très-légères variétés de cette espèce.

7. B. Pumilum. *Mihi.*

Rufo-testaceum; thorace subquadrato, angulis posticis subrectis; elytris oblongo-ovatis, postice subcyaneo-micantibus, striis duabus dorsalibus distinctis, externis obsoletis, punctoque impresso; antennarum basi pedibusque pallide testaceis.

Long. $\frac{3}{4}$ ligne. Larg. $\frac{1}{4}$ ligne.

Il est à peu près de la grandeur du *Bistriatum* auquel il ressemble beaucoup. Sa couleur est un peu plus claire et presque entièrement d'un jaune-testacé un peu rougeâtre, avec la partie postérieure des élytres brillantée d'une très-légère teinte bleuâtre. Le corselet est un peu moins convexe, et l'on n'aperçoit pas d'impression sensible de chaque côté de la base. Les élytres sont un peu plus allongées; elles sont striées et ponctuées à peu près de la même manière. Le dessous du corps est d'un brun noirâtre. Les pattes sont d'un jaune-testacé assez pâle.

Il se trouve dans l'Amérique septentrionale, et il m'a été envoyé par M. Leconte.

8. B. Troglodytes. *Mihi.*

Rufo-piceum ; thorace subquadrato, postice subangustato, angulis posticis obtusis ; elytris oblongo-ovatis, striis obsoletis, suturali distincta, punctoque impresso ; antennarum basi pedibusque pallide testaceis.

Long. $\frac{2}{3}$ ligne. Larg. $\frac{1}{5}$ ligne.

Il est plus petit que le ***Pumilum***, et sa couleur est un peu plus obscure. Le corselet est un peu plus convexe, plus rétréci postérieurement, et les angles postérieurs sont plus obtus. Les élytres sont un peu plus convexes; elles sont striées et ponctuées à peu près de la même manière; mais la première strie seulement est plus distincte que les autres.

Il se trouve dans l'Amérique septentrionale; je ne possède qu'un seul individu de ce très-petit insecte, qui m'a aussi été envoyé par M. Leconte.

9. B. Nigriceps. *Mihi.*

Rufo-testaceum ; capite elytrorumque apice nigro-piceis ; thorace subquadrato, angulis posticis obtusis ; elytris oblongo-ovatis, striis obsoletis, marginali distincta, punctisque tribus impressis ; antennis pedibusque pallide testaceis.

Long. 1 $\frac{1}{4}$ ligne. Larg. $\frac{1}{2}$ ligne.

Il est un peu plus grand que le *Scutellare*, et sa couleur est en-dessus d'un jaune-testacé un peu rougeâtre, avec la tête et l'extrémité des élytres d'un noir un peu brunâtre. La tête est peu allongée, presque triangulaire, lisse, et les deux impressions entre les antennes sont peu marquées. La lèvre supérieure, les mandibules et les palpes sont d'un brun roussâtre. Les antennes sont d'un jaune-testacé assez pâle. Les yeux sont noirâtres, assez gros et assez saillants, ce qui fait paraître la tête rétrécie postérieurement. Le corselet est plus large que la tête, moins long que large, presque carré, légèrement arrondi antérieurement sur les côtés, un peu rétréci postérieurement et très-peu convexe; la ligne longitudinale du milieu et les deux impressions transversales sont peu marquées; il a de chaque côté de la base une petite impression presque arrondie et à peine distincte; le bord antérieur est légèrement échancré; les angles antérieurs sont presque arrondis; les côtés sont légèrement rebordés; ils tombent un peu obliquement sur la base et forment avec elle un angle obtus; la base est coupée un peu obliquement sur les côtés, et presque échancrée dans son milieu. Les élytres sont plus larges que le corselet, en ovale allongé et peu convexes; les stries sont très-peu marquées et presque entièrement effacées; la première n'est pas plus distincte que les autres et ne paraît pas se recourber à l'extrémité; la huitième strie seule est fortement marquée et se prolonge depuis l'angle de la base jusque près de la suture; on voit sur la troisième strie deux points enfoncés assez distincts : le premier au quart des élytres; le second un peu au-delà du milieu, et un troisième point plus petit et moins distinct vers l'extrémité, entre la seconde et la troisième strie. Le dessous du corps est d'un brun noirâtre. Les pattes sont d'un jaune-testacé assez pâle.

Il se trouve dans l'Amérique septentrionale; je ne possède qu'un seul individu de cet insecte, qui m'a été envoyé par M. Leconte.

10. B. Amabile. *Mihi.*

Obscure viridi-æneum; thorace quadrato, subtransverso, postice utrinque foveolato, angulis posticis rectis; elytris ovatis, margine lato sinuato testaceo, striis quinque dorsalibus marginalique distinctis; antennis pedibusque pallide testaceis.

Long. 1 $\frac{1}{3}$ ligne. Larg. $\frac{2}{3}$ ligne.

Cet insecte se rapproche un peu des *Amara* par la forme,

mais je crois cependant qu'il appartient à ce genre. Sa couleur est en-dessus d'un vert-bronzé assez obscur. La tête est lisse, presque triangulaire, et elle a entre les antennes deux impressions longitudinales très-peu marquées. La lèvre supérieure et les mandibules sont d'un brun un peu roussâtre. Les palpes sont d'un jaune-testacé assez pâle. Les antennes sont de la même couleur et guère plus longues que la tête et le corselet réunis. Les yeux sont noirâtres, très-gros et très-saillants, ce qui fait paraître la tête rétrécie postérieurement. Le corselet est plus large que la tête, moins long que large, assez court, presque transversal, presque carré, un peu rétréci et légèrement arrondi sur les côtés antérieurement, et assez convexe; la ligne longitudinale du milieu est peu marquée; l'impression transversale antérieure est à peine distincte; la postérieure est assez marquée dans son milieu; il a de chaque côté de la base une impression assez grande et assez profonde; le bord antérieur est légèrement échancré; les angles antérieurs sont presque arrondis; les côtés sont rebordés; ils tombent carrément sur la base et forment avec elle un angle droit assez aigu; la base est coupée presque carrément. Les élytres sont plus larges que le corselet, en ovale peu allongé et assez convexes; elles ont une large bordure sinuée, d'un jaune-testacé assez pâle, presque interrompue un peu au-delà du milieu, et qui s'élargit vers l'extrémité; la première strie se recourbe à l'extrémité; les seconde, troisième, quatrième et cinquième sont assez courtes et se terminent à la bordure jaune; la huitième est entière et un peu sinuée; ces stries sont lisses et très-fortement marquées; les sixième et septième sont entièrement effacées; la partie comprise entre la huitième strie et le bord extérieur est de la couleur du fond des élytres. Le dessous du corps est d'un brun noirâtre, avec l'extrémité de l'abdomen d'un brun roussâtre. Les pattes sont d'un jaune-testacé assez pâle.

Je ne possède qu'un individu de cet insecte; il m'a été donné par M. Buquet, comme venant du Sénégal.

11. B. BIPLAGIATUM. *Mihi.*

Obscure viridi-æneum ; thorace quadrato, subtransverso, postice utrinque foveolato, angulis posticis rectis ; elytris ovatis, profunde striatis ; macula rotundata postica, antennis pedibusque testaceis.

Long. 1 ligne. Larg. ½ ligne.

Il se rapproche beaucoup de l'*Amabile* par la forme, mais il est beaucoup plus petit. Sa couleur est également en-dessus d'un vert-bronzé assez obscur. La tête est à peu près comme celle de l'*Amabile*. Les deux premiers articles des antennes sont d'un jaune-testacé assez pâle; les autres manquent dans l'individu que je possède. Le corselet est à peu près comme celui de l'*Amabile*. Les élytres ont à peu près la même forme; elles ont vers l'extrémité, entre la troisième et la huitième strie, une assez grande tache presque arrondie, d'un jaune testacé; les stries paraissent lisses; avec une forte loupe on voit cependant qu'elles sont très-légèrement ponctuées; elles sont fortement marquées, un peu moins cependant que dans l'*Amabile*; la première se recourbe à l'extrémité; les quatrième, cinquième et sixième sont un peu plus courtes que les autres; la septième est entièrement effacée; avec une très-forte loupe, on aperçoit sur la troisième quatre ou cinq petits points enfoncés à peine distincts. Le dessous du corps est d'un brun noirâtre. Les pattes sont d'un jaune-testacé assez pâle.

Cet insecte provient de la collection de M. Latreille, où il était noté comme du Sénégal, et comme lui ayant été donné par M. Dufour.

12. B. RUFESCENS. *Hoffmansegg.*

Ferrugineum ; thorace quadrato, postice utrinque impresso, angulis posticis rectis ; elytris oblongo-ovatis, subcyaneo-mican-

tibus, striato-punctatis, striis externis obsoletis, punctoque impresso; antennis pedibusque pallide testaceis.

Tachys Rufescens. DEJ. *Cat.* p. 16.

Long. 2, 2 ½ lignes. Larg. ¾, 1 ligne.

Il est ordinairement un peu plus grand que le *Pumilio*, proportionnellement un peu plus large, et sa couleur est en dessus d'un rouge-ferrugineux assez clair sur la tête et le corselet; les élytres sont ordinairement un peu plus obscures et brillantées, surtout vers l'extrémité, d'un léger reflet bleuâtre. La tête est à peu près comme celle du *Pumilio*. Les palpes et les antennes sont d'un jaune-testacé assez pâle. Le corselet est un peu moins court; les angles postérieurs sont coupés très-carrément et sont assez aigus; la base est coupée plus carrément. Les élytres sont en ovale moins allongé; elles sont striées et ponctuées à peu près de la même manière, mais les stries sont moins marquées et moins fortement ponctuées. Le dessous du corps est d'un rouge-ferrugineux un peu jaunâtre. Les pattes sont d'un jaune-testacé assez pâle.

Il se trouve en Espagne, en Portugal, en France, principalement dans les parties méridionales, et en Angleterre.

13. B. PUMILIO.

Capite thoraceque nigro-piceis, interdum æneo-micantibus; thorace quadrato, subtransverso, postice utrinque impresso, angulis posticis obtusis; elytris obscure viridi-cyaneis, oblongo-ovatis, striato-punctatis, striis externis obsoletis, punctoque impresso; antennis pedibusque testaceis.

STURM. VI. p. 148. n° 27. T. 159. fig. c. C.

Elaphrus Pumilio. DUFTSCHMID. II. p. 214. n° 31.

Bembidium Quinquestriatum. GYLLENHAL. II. p. 34. n° 19. et IV. p. 413. n° 19.

Tachys Virens. MEGERLE. DEJ. *Cat.* p. 16.

Long. 1 $\frac{3}{4}$, 2 lignes. Larg. $\frac{2}{3}$, $\frac{3}{4}$ ligne.

Il est un peu plus grand que le *Trechus Rubens*, proportionnellement un peu plus large, et sa couleur est en-dessus d'un brun noirâtre, quelquefois un peu rougeâtre, quelquefois brillantée d'une légère teinte bronzée sur la tête et le corselet, et d'un bleu-obscur plus ou moins verdâtre sur les élytres. La tête est peu allongée, lisse, presque triangulaire, et elle a, entre les antennes, deux impressions longitudinales assez marquées. La lèvre supérieure, les mandibules et les palpes sont d'un brun un peu roussâtre. Les antennes sont à peu près de la longueur de la moitié du corps et d'un jaune-testacé un peu roussâtre. Les yeux sont noirâtres, assez gros et assez saillants. Le corselet est plus large que la tête, moins long que large, assez court, presque transversal, presque carré, légèrement arrondi sur les côtés antérieurement et peu convexe; la ligne longitudinale du milieu est assez marquée; il a quelques rides transversales ondulées, à peine distinctes; l'impression transversale antérieure est peu apparente; la postérieure est assez fortement marquée; il a de chaque côté de la base une impression presque arrondie et assez profonde; le fond, les bords de cette impression et le milieu de la base sont très-légèrement rugueux; le bord antérieur est légèrement échancré; les angles antérieurs sont presque arrondis; les côtés sont assez largement rebordés, surtout vers les angles postérieurs, qui sont assez relevés, coupés presque carrément, mais assez obtus et presque arrondis; la base est coupée un peu obliquement sur les côtés, et presque carrément dans son milieu. Les élytres sont plus larges que le corselet, en ovale assez allongé et assez convexes; les stries sont très-distinctement ponctuées; la première se recourbe à l'extrémité et vient se joindre à la huitième; les quatre ou cinq premières sont assez fortement marquées; leur extrémité et les sixième et septième sont presque entièrement effacées; on voit sur le troisième intervalle, à peu près aux deux tiers des élytres, près de la troisième strie, un point enfoncé assez marqué. Le dessous du corps est d'un brun-noirâtre, quelquefois un peu roussâtre. Les pattes sont d'un jaune testacé.

Il se trouve en France, en Allemagne, en Autriche et en Dalmatie. Il est très-commun dans les provinces méridionales de la France sous l'écorce des platanes; il est rare en Suède.

14. B. Silaceum. *Mihi.*

Rufo-testaceum; thorace quadrato, postice utrinque impresso, angulis posticis rectis; elytris ovatis, striato-punctatis, striis duabus dorsalibus profundioribus, externis obsoletis, punctisque duobus impressis; antennis pedibusque pallide testaceis.

Long. 1 $\frac{1}{4}$ ligne. Larg. $\frac{1}{2}$ ligne.

Il se rapproche un peu du *Rufescens* par la forme, mais il est beaucoup plus petit, proportionnellement plus court, et sa couleur est entièrement en-dessus d'un jaune-testacé un peu rougeâtre. La tête est un peu plus allongée, et les deux impressions entre les antennes sont un peu plus marquées. Les yeux sont noirs, assez petits et peu saillants. Le corselet est à peu près comme celui du *Rufescens;* il est un peu moins arrondi antérieurement sur les côtés, et un peu sinué près de la base, ce qui fait paraître les angles postérieurs un peu plus saillants et plus aigus. Les élytres sont un peu plus courtes, plus ovales et plus convexes; les stries sont plus fortement ponctuées, surtout vers la base; la première est entière et fortement marquée; elle se recourbe à l'extrémité comme dans les *Trechus,* et ne se joint pas à la huitième; la seconde est aussi assez fortement marquée, mais elle s'efface vers l'extrémité; les troisième et quatrième sont plus courtes et moins distinctes; les suivantes sont presque entièrement effacées; la partie postérieure de la huitième est assez fortement marquée, comme dans le *Scutellaris;* on aperçoit sur la troisième strie deux points enfoncés assez marqués : le premier au quart des élytres; le second un peu au-delà du milieu. Le dessous du corps est d'une couleur un peu plus pâle que le dessus. Les pattes sont d'un jaune-testacé assez pâle.

Je possède deux individus de cet insecte qui ont été pris, je crois, dans les environs de Lyon, mais je n'en suis pas bien certain.

15. B. NANUM.

Nigrum ; thorace quadrato, angulis posticis rectis ; elytris oblongo-ovatis, striis quatuor dorsalibus, externis obsoletis, punctisque duobus impressis ; antennarum basi, tibiis tarsisque rufo-piceis ; femoribus nigro-piceis.

GYLLENHAL. II. p. 30. n° 16. et IV. p. 413. n° 16.
SAHLBERG. *Dissert. entom. ins. Fennica.* p. 203. n° 29.
B. Quadristriatum. STURM. VI. p. 150. n° 29. T. 160. fig. a, A.
Elaphrus Minimus. DUFTSCHMID. II. p. 205. n° 17.
Tachys Minimus. DEJ. *Cat.* p. 16.
VAR. *Trechus Micros.* STÉVEN.

Long. 1 ligne. Larg. $\frac{1}{3}$ ligne.

Il est petit, assez allongé, peu convexe, et sa couleur est en-dessus d'un noir ordinairement assez brillant, et quelquefois un peu brunâtre. La tête est peu allongée, lisse, presque triangulaire, et les deux impressions entre les antennes sont peu marquées. La lèvre supérieure, les mandibules et les palpes sont d'un brun un peu roussâtre. Les antennes sont un peu plus courtes que la moitié du corps; leurs premiers articles sont d'un brun roussâtre; les autres sont ordinairement plus obscurs, et quelquefois presque de la couleur des premiers. Les yeux sont arrondis et assez saillants. Le corselet est plus large que la tête, moins long que large, assez court, presque transversal, carré, légèrement arrondi antérieurement sur les côtés et presque plane; la ligne longitudinale du milieu est assez marquée; l'impression transversale antérieure est à peine distincte; la postérieure est assez marquée, et formée de deux lignes qui partent des angles postérieurs et qui forment un angle sur la ligne du milieu; le bord antérieur est assez échancré; les angles antérieurs sont presque arrondis; les côtés sont légèrement rebordés; ils tombent carrément sur la base et forment avec elle un angle droit, assez aigu; la base est coupée presque carrément. Les élytres sont plus larges que le corselet, en ovale allongé et très-peu convexes; la première strie est entière, assez marquée, surtout vers l'extrémité, qui se recourbe et vient presque se joindre à la huitième; les seconde, troisième et quatrième sont assez distinctes, mais peu marquées; leur extrémité et les suivantes sont presque entièrement effacées; la huitième est assez marquée, surtout vers l'extrémité; on aperçoit sur la troisième strie deux points enfoncés assez marqués : le premier au quart des élytres, et le second à peu près aux trois quarts. Le dessous du corps est à peu près de la couleur du dessus. Les cuisses sont d'un brun noirâtre. Les jambes et les tarses sont d'un brun plus ou moins roussâtre.

Il se trouve assez communément sous les écorces, en Suède, en France, en Allemagne, en Autriche et en Russie.

M. Stéven m'a envoyé, sous le nom de *Trechus Micros*, un individu un peu plus petit, entièrement d'un jaune testacé, qui ne me paraît qu'une simple variété de cet insecte.

16. B. Inornatum.

Nigrum; thorace quadrato, angulis posticis rectis; elytris oblongo-ovatis, striis duabus dorsalibus, externis obsoletis, punctisque duobus impressis; antennarum basi pedibusque rufo-piceis.

Say. *Transactions of the American phil. Society. new series.* II. p. 87. n° 9.

Long. 1 ligne. Larg. $\frac{1}{3}$ ligne.

Il ressemble beaucoup au *Nanum* par la grandeur, la forme

et la couleur. La tête et le corselet sont à peu près comme dans cette espèce. Les élytres sont striées et ponctuées à peu près de la même manière; mais la seconde strie est un peu plus courte, moins distincte, et les troisième et quatrième sont presque entièrement effacées. Les pattes sont entièrement d'un brun roussâtre.

Il se trouve dans l'Amérique septentrionale; je l'ai reçu de MM. Say et Leconte.

17. B. Flavicaudum.

Nigro-piceum; thorace quadrato, marginato, postice utrinque foveolato, angulis posticis rectis; elytris oblongo-ovatis, striato-punctatis, striis externis obsoletis, punctoque impresso; macula magna communi postica, antennis pedibusque rufo-testaceis.

Say. *Transactions of the American phil. Society. new series.* II. p. 87. n° 10.

Long. $\frac{3}{4}$ ligne. Larg. $\frac{1}{4}$ ligne.

Il est plus petit que le *Nanum*, un peu moins plane, et sa couleur est en-dessus d'un brun-noirâtre, quelquefois un peu roussâtre. La tête est peu allongée, presque triangulaire, et les deux impressions entre les antennes sont peu marquées; la partie antérieure, la lèvre supérieure et les mandibules sont d'un brun roussâtre. Les palpes et les antennes sont d'un jaune testacé. Les yeux sont noirâtres et peu saillants. Le corselet est plus large que la tête, moins long que large, presque carré, très-légèrement arrondi antérieurement sur les côtés et assez convexe; les bords latéraux sont quelquefois un peu roussâtres; la ligne longitudinale du milieu est assez fortement marquée; l'impression transversale antérieure est peu distincte; la postérieure est bien marquée; il a de chaque côté de la base une impression presque arrondie, assez profonde, qui se confond presque avec l'impression transversale; le bord antérieur est légèrement échancré; les angles antérieurs sont assez arrondis; les côtés sont assez largement et fortement rebordés; ils tombent presque carrément sur la base et forment avec elle un angle droit; la base est coupée presque carrément. Les élytres sont plus larges que le corselet, en ovale allongé et peu convexes; elles ont à l'extrémité une grande tache d'un jaune-testacé un peu roussâtre, qui en occupe toute la largeur, et qui remonte à peu près jusqu'aux deux tiers des élytres; les bords de cette tache ne sont pas déterminés et se fondent insensiblement avec la couleur du reste des élytres; les stries sont à peu près disposées comme dans le *Nanum*, mais les quatre ou cinq premières sont assez marquées jusqu'aux deux tiers des élytres et distinctement ponctuées; on voit sur la troisième, à peu près au milieu, un point enfoncé assez marqué. Les pattes sont d'un jaune testacé.

Il se trouve dans l'Amérique septentrionale, et je l'ai reçu de MM. Say et Leconte.

18. B. Quadrisignatum. *Creutzer.*

Supra nigro-subvirescens; thorace subquadrato, postice subangustato, utrinque foveolato, angulis posticis rectis; elytris oblongo-ovatis, striato-punctatis, striis dorsalibus tribus vel quatuor distinctis, externis obsoletis, punctisque duobus impressis; maculis duabus, antennis pedibusque rufo-testaceis.

Sturm. vi. p. 153. n° 31. t. 160. fig. c. C.
Elaphrus Quadrisignatus. Duftschmid. ii. p. 205. n° 16.
Tachys Quadrisignatus. Dej. *Cat.* p. 16.
Var. *Tachys Decemstriatus.* Megerle.

Long. 1 ligne. Larg. $\frac{1}{3}$ ligne.

Il est à peu près de la grandeur du *Nanum*, et sa couleur est en-dessus d'un noir très-légèrement verdâtre. La tête est lisse, triangulaire, et les deux impressions longitudinales entre les antennes sont assez marquées. La lèvre supérieure, les mandibules et les palpes sont d'un brun roussâtre. Les antennes sont à peu près de la longueur de la moitié du corps et d'une couleur testacée un peu roussâtre. Les yeux sont noirâtres et assez saillants. Le corselet est plus large que la tête, moins long que large, presque carré, légèrement arrondi antérieurement sur les côtés, un peu rétréci postérieurement et peu convexe; la ligne longitudinale du milieu est assez marquée; l'impression transversale antérieure est peu distincte; la postérieure est assez fortement marquée et forme un angle sur la ligne du milieu; il a de chaque côté de la base une impression presque arrondie et assez distincte; le bord antérieur est assez échancré; les angles antérieurs sont arrondis; les côtés sont légèrement rebordés; ils se redressent un peu près de la base et forment avec elle un angle droit, assez aigu; la base est coupée presque carrément. Les élytres sont un peu plus larges que le corselet, en ovale allongé et peu convexes; elles ont chacune deux grandes taches arrondies d'un jaune-testacé un peu rougeâtre: la première près de l'angle de la base; la seconde à peu près aux trois quarts des élytres, à égale distance de la suture et du bord extérieur; les stries sont bien distinctement ponctuées; la première est entière, assez fortement marquée, et se recourbe à l'extrémité comme dans les *Trechus*. Dans les individus que l'on trouve en Allemagne, les seconde, troisième, quatrième et quelquefois même la cinquième strie sont assez fortement marquées; elles ne vont pas tout-à-fait jusqu'à la base et sont presque effacées vers l'extrémité; les sixième et septième sont aussi presque entièrement effacées; la huitième est assez marquée, surtout vers l'extrémité. C'est à cette variété, qui est celle figurée par Sturm, qu'il faut, je crois, rapporter le *Tachys Decemstriatus* de Megerle, si je dois en juger d'après un individu qui m'a été envoyé sous ce nom par M. Ullrich. Dans les individus que l'on trouve dans le midi de la France et en Dalmatie, les seconde et troisième stries sont seules distinctes; elles sont un peu moins fortement ponctuées, un peu plus courtes, et ne s'approchent pas tant de la base et de l'extrémité; les quatrième, cinquième, sixième et septième sont ordinairement entièrement effacées; cependant on trouve des individus qui forment le passage entre cette variété et celle que l'on trouve en Allemagne, de manière qu'il me paraît impossible d'en former une espèce distincte; on aperçoit sur la troisième strie deux points enfoncés assez distincts : le premier à peu près au tiers des élytres, et le second aux deux tiers. Le dessous du corps est d'un noir quelquefois un peu brunâtre. Les pattes sont d'un jaune-testacé un peu rougeâtre, avec une grande tache un peu plus obscure sur le milieu des cuisses.

Il se trouve assez communément sur le bord des rivières et des ruisseaux, dans le midi de la France, en Allemagne, en Autriche et en Dalmatie.

19. B. ANGUSTATUM.

Supra nigro-subvirescens ; thorace subquadrato, postice subangustato, utrinque foveolato, angulis posticis rectis ; elytris oblongo-ovatis, striis tribus dorsalibus abbreviatis distinctis, externis obsoletis, punctisque duobus impressis ; antennarum basi, tibiis tarsisque testaceis ; femoribus piceis.

Tachys Angustatus. DEJ. *Cat.* p. 16.

Long. 1 ligne. Larg. $\frac{1}{3}$ ligne.

Il ressemble beaucoup au *Quadrisignatum* par la forme et la grandeur, et sa couleur est en-dessus d'un noir assez brillant, très-légèrement verdâtre. La tête et le corselet sont à peu près comme dans le *Quadrisignatum*. Les premiers articles des antennes sont d'un jaune-testacé un peu rougeâtre; les autres sont d'un brun-obscur plus ou moins roussâtre, et quelquefois presque de la couleur des premiers. Les élytres ont à peu près la même forme; la première strie ne va pas tout-à-fait jusqu'à la base; elle se recourbe à l'extrémité comme dans le *Quadrisignatum;* la seconde strie va à peu près du quart aux trois quarts des élytres, et la troisième du tiers aux deux tiers; la huitième est entière ; ces stries sont assez fortement marquées et paraissent lisses; les autres sont entièrement effacées; on aperçoit un point enfoncé assez marqué à chaque extrémité de la troisième strie. Le dessous du corps est d'un noir quelquefois un peu brunâtre. Les cuisses sont d'un brun noirâtre. Les jambes et les tarses sont d'un jaune-testacé un peu roussâtre.

Je l'ai trouvé assez communément en Espagne et dans le midi de la France.

20. B. PARVULUM.

Supra nigro-subvirescens; thorace subquadrato, postice subangustato, utrinque foveolato, angulis posticis rectis; elytris oblongo-ovatis, striato-punctatis, striis quatuor dorsalibus distinctis, externis obsoletis, punctisque duobus impressis; antennis pedibusque testaceis.

Tachys Parvulus. DEJ. *Cat.* p. 16.
VAR. *Trechus Pusillus.* DEJ. *Cat.* p. 16.

Long. $\frac{3}{4}$ ligne. Larg. $\frac{1}{4}$ ligne.

Il ressemble beaucoup à l'*Angustatum*, mais il est un peu plus petit. La première strie des élytres va presque jusqu'à la base; la seconde et la troisième vont aussi presque jusqu'à la base, et se prolongent un peu plus vers l'extrémité; la quatrième est presque aussi marquée que les trois premières, et ces stries sont assez distinctement ponctuées; les suivantes sont moins complètement effacées. Les antennes et les pattes sont entièrement d'un jaune-testacé un peu roussâtre.

Je l'ai trouvé en Espagne, dans le midi de la France et en Dalmatie.

Le *Trechus Pusillus* de mon Catalogue ne me paraît qu'une légère variété de cette espèce.

21. B. Hæmorrhoidale.

Supra nigro-subvirescens; thorace subquadrato, postice subangustato, utrinque foveolato, angulis posticis rectis; elytris ovatis, striis duabus dorsalibus distinctis, externis obsoletis, punctisque duobus impressis; macula magna communi subapicali, antennarum basi pedibusque rufo-testaceis.

Tachys Hæmorrhoidalis. Dej. *Cat.* p. 16.

Long. $\frac{3}{4}$ ligne. Larg. $\frac{1}{3}$ ligne.

Il est un peu plus petit que le *Quadrisignatum*, proportionnellement plus court, plus convexe, et sa couleur est en-dessus d'un noir assez brillant, légèrement verdâtre. La tête est peu allongée, presque triangulaire, et les deux impressions entre les antennes sont assez fortement marquées. La lèvre supérieure, les mandibules et les palpes sont d'un brun roussâtre. Les antennes sont un peu plus courtes que la moitié du corps; leurs premiers articles sont d'un jaune-testacé un peu roussâtre; les autres sont d'un brun-obscur plus ou moins roussâtre, et quelquefois de la couleur des premiers. Les yeux sont noirâtres, assez gros et assez saillants. Le corselet est plus large que la tête, moins long que large, assez court, presque carré, légèrement arrondi antérieurement sur les côtés, un peu rétréci postérieurement et assez convexe; la ligne longitudinale du milieu est peu marquée; l'impression transversale antérieure est à peine distincte; la postérieure est assez fortement marquée; il a de chaque côté de la base une petite impression presque arrondie et assez profonde; le bord antérieur est légèrement échancré; les angles antérieurs sont assez arrondis; les côtés sont rebordés; ils tombent presque carrément sur la base et forment avec elle un angle droit; la base est coupée presque carrément. Les élytres sont plus larges que le corselet, en ovale peu allongé, assez courtes et assez convexes; elles ont presque à l'extrémité une grande tache commune d'un jaune-testacé un peu rougeâtre; cette tache, qui se fond insensiblement avec la couleur du fond des élytres, est plus ou moins marquée, et disparaît même quelquefois entièrement; la première strie est entière et se recourbe à l'extrémité; la seconde ne va pas tout-à-fait jusqu'à la base, ni jusqu'à l'extrémité; la huitième est entière; ces trois stries sont lisses et assez fortement marquées; les autres sont entièrement effacées; on voit sur la place de la troisième strie deux points enfoncés assez distincts : le premier au tiers des élytres, et le second un peu au-delà du milieu. Le dessous du corps est d'un noir un peu brunâtre, avec l'extrémité de l'abdomen un peu roussâtre. Les pattes sont d'un jaune-testacé un peu rougeâtre.

Je l'ai trouvé assez communément en Dalmatie; j'en ai pris deux individus en Espagne, et un autre dans le midi de la France, dans lesquels la tache de l'extrémité des élytres est entièrement effacée.

22. B. Ferrugineum. *Mihi.*

Ferrugineum; thorace quadrato, postice utrinque foveolato, angulis anticis rotundatis, posticis rectis; elytris oblongo-ovatis, convexis; stria suturali distincta, punctata, externis obsoletis, punctisque duobus impressis; antennis pedibusque testaceis.

Long. 1 ligne. Larg. $\frac{1}{2}$ ligne.

Il est un peu plus grand que le *Xanthopus*, et sa couleur est entièrement en-dessus d'un rouge ferrugineux. La tête est assez étroite, assez allongée, presque triangulaire, et elle a de chaque côté entre les antennes une impression longitudinale peu marquée; sa partie antérieure et les palpes sont d'un jaune-testacé assez pâle. Les antennes sont de la couleur des palpes et plus courtes que la moitié du corps. Les yeux sont noirs, assez petits et à peine saillants. Le corselet est le double plus large que la tête, presque aussi long que large, carré, très-légèrement arrondi antérieurement sur les côtés, non rétréci postérieurement et presque plane; la ligne longitudinale du milieu est fine et peu marquée; l'impression transversale antérieure est à peine distincte; la postérieure est assez fortement marquée; il a de chaque côté de la base une impression assez grande, un peu oblongue et assez profonde; le bord antérieur est légèrement échancré; les angles antérieurs sont arrondis; les côtés sont rebordés; ils tombent carrément sur la base et forment avec elle un angle droit; la base est coupée carrément. Les élytres sont presque le double plus larges que le corselet, en ovale allongé et très-convexes; la première strie est entière, distinctement ponctuée, et se recourbe à l'extrémité; on aperçoit quelques vestiges de la seconde, et toutes les autres sont complètement effacées; on voit sur la place de la troisième strie deux points enfoncés assez distincts : le premier au tiers des élytres, et le second à peu près au milieu; on voit en outre plusieurs points enfoncés assez distincts le long du bord extérieur. Le dessous du corps est à peu près de la couleur du dessus. Les pattes sont d'un jaune-testacé assez pâle.

Je ne possède qu'un seul individu de cet insecte, qui se trouve dans l'Amérique septentrionale, et qui m'a été envoyé par M. Leconte.

23. B. Xanthopus. *Mihi.*

Piceum, nitidum; thorace subquadrato, postice utrinque foveolato, angulis posticis rectis; elytris ovatis, striis duabus dorsalibus distinctis, externis obsoletis, punctisque duobus impressis; antennarum basi pedibusque testaceis.

Long. $\frac{3}{4}$ ligne. Larg. $\frac{1}{3}$ ligne.

Il est à peu près de la grandeur de l'*Hæmorrhoidale*, un peu plus convexe, et sa couleur est entièrement en-dessus d'un brun noirâtre assez brillant. La tête et les antennes sont à peu près comme celles de l'*Hæmorrhoidale*. Les yeux sont un peu moins saillants. Le corselet est un peu plus court, et ne paraît pas rétréci postérieurement; la ligne longitudinale du milieu est à peine distincte; l'impression transversale postérieure est moins marquée et paraît formée par trois points enfoncés. Les élytres sont plus ovales et plus convexes; elles sont striées et ponctuées à peu près de la même manière. Les pattes sont d'un jaune-testacé un peu moins rougeâtre.

Il se trouve dans l'Amérique septentrionale, et il m'a été envoyé par M. Leconte.

24. B. Granarium. *Mihi.*

Piceum, nitidum; thorace subquadrato, postice utrinque foveolato, angulis posticis rectis; elytris ovatis, stria suturali distincta, externis obsoletis, punctisque duobus impressis; antennarum basi pedibusque testaceis.

Long. $\frac{2}{3}$ ligne. Larg. $\frac{1}{4}$ ligne.

Il ressemble beaucoup au *Xanthopus*, mais il est un peu plus petit et sa couleur est d'un brun un peu plus clair et plus roussâtre, surtout sur les élytres. La première strie ne va pas tout-à-fait jusqu'à la base, et la seconde est entièrement effacée.

Il se trouve dans l'Amérique septentrionale; je ne possède qu'un individu de ce petit insecte, qui m'a été envoyé par M. Leconte.

25. B. Globulum.

Ferrugineum; thorace subquadrato, postice utrinque foveolato, angulis posticis rectis; elytris ovatis, brevioribus, striis tribus dorsalibus distinctis, externis obsoletis, punctisque duobus impressis; antennarum basi pedibusque testaceis.

Tachys Globulus. Dej. *Cat.* p. 16.

Long. $\frac{2}{3}$ ligne. Larg. $\frac{1}{3}$ ligne.

Il est un peu plus petit que l'*Hæmorrhoidale*, proportionnellement plus court, plus convexe, et sa couleur est en-dessus entièrement d'un rouge ferrugineux. La tête est à peu près comme celle de l'*Hæmorrhoidale*. Les premiers articles des antennes sont d'un jaune ferrugineux; les autres sont d'un brun roussâtre. Les yeux sont noirs et un peu moins saillants. Le corselet est un peu plus court, plus convexe et ne paraît pas rétréci postérieurement. Les élytres sont plus courtes et plus convexes; elles sont striées et ponctuées de la même manière, mais la troisième strie est presque aussi distincte que la seconde. Le dessous du corps est d'un brun roussâtre, avec l'extrémité de l'abdomen un peu plus claire. Les pattes sont d'un jaune testacé.

J'ai trouvé cet insecte en Espagne.

26. B. Pulicarium. *Mihi.*

Supra nigro-subvirescens; thorace subquadrato, postice subangustato, utrinque foveolato, angulis posticis rectis; elytris ovatis, striato-punctatis, striis quatuor dorsalibus distinctis, externis obsoletis, punctisque duobus impressis; antennarum basi pedibusque rufo-testaceis.

Long. $\frac{1}{2}$ ligne. Larg. $\frac{1}{5}$ ligne.

Il ressemble un peu à l'*Hæmorrhoidale*, mais il est beaucoup plus petit, et sa forme est un peu plus allongée. Sa couleur est entièrement en-dessus d'un noir assez brillant, très-légèrement verdâtre. La tête est à peu près comme celle de l'*Hæmorrhoidale*. Les yeux sont un peu moins saillants. Le corselet est un peu moins large, et l'impression transversale postérieure est un peu plus fortement marquée. Les élytres sont un peu plus allongées; les quatre premières stries sont assez fortement marquées, et paraissent distinctement ponctuées; le second point enfoncé que l'on voit sur la troisième strie est placé un peu plus bas. Le dessous du corps est entièrement d'un noir un peu brunâtre. Les pattes et les antennes sont comme dans l'*Hæmorrhoidale*.

Je possède quatre individus de ce très-petit insecte; les deux premiers ont été pris, je crois, dans le midi de la France, mais je n'en suis pas bien certain; les deux autres m'ont été envoyés par M. Sturm, comme venant de Saxe.

QUATRIÈME DIVISION.

NOTAPHUS. *Megerle.*

27. B. UNDULATUM.

Capite thoraceque obscure viridi-æneis; thorace subcordato, postice utrinque bistriato, angulis posticis rectis; elytris oblongo-ovatis, fusco-æneis, striato-punctatis, fasciis undatis macularibus tribus apiceque rufo-testaceis obsoletis, punctisque duobus impressis; antennarum basi pedibusque rufo-testaceis.

STURM. VI. p. 156. n° 33. T. 160. fig. d. D.
SAHLBERG. *Dissert. entom. ins. Fennica.* p. 202. n° 27.
B. Majus. GYLLENHAL. IV. p. 411. n° 15-16.
Notaphus Articulatus. DEJ. *Cat.* p. 16.
Notaphus Varius. GEBLER.

Long. 2 ½ lignes. Larg. 1 ligne.

Il ressemble beaucoup à l'*Ustulatum*, mais il est plus grand et proportionnellement un peu plus allongé. La tête et le corselet sont en-dessus d'un vert-bronzé plus obscur et quelquefois presque noirâtre. La tête est un peu plus allongée. Les antennes sont proportionnellement un peu plus longues; les second, troisième et quatrième articles sont presque entièrement d'un brun noirâtre, avec la base d'un rouge testacé; les suivants sont d'un brun noirâtre. Les yeux sont un peu moins saillants. Le corselet est un peu plus long, moins arrondi antérieurement sur les côtés et presque cordiforme; la ligne longitudinale est plus fortement marquée dans son milieu, et l'on aperçoit le long de la base quelques petites stries longitudinales irrégulières qui la font paraître un peu rugueuse. Les élytres sont un peu plus allongées; elles sont d'un brun obscur légèrement bronzé; les bandes de taches sont disposées à peu près de la même manière, mais elles sont d'une couleur moins pâle, un peu rougeâtre, plus distinctes et souvent plus grandes; quelquefois même les deux premières bandes sont réunies, et toute la partie antérieure des élytres paraît d'un brun roussâtre; les stries sont un peu plus marquées, un peu plus fortement ponctuées vers la base, et moins distinctement vers l'extrémité; les troisième et quatrième, cinquième et sixième se réunissent deux à deux et ne vont pas jusqu'à l'extrémité; l'extrémité de la septième est plus fortement marquée; les deux points enfoncés que l'on voit sur le troisième intervalle sont placés de la même manière, mais ils sont un peu plus près de la troisième strie. Le dessous du corps est d'un noir très-légèrement bronzé. Les pattes sont d'une couleur testacée un peu rougeâtre, avec un très-léger reflet bronzé à peine distinct sur les cuisses.

Il se trouve en Suède, en Finlande, en France, en Allemagne, en Autriche, en Dalmatie, en Russie et même en Sibérie; M. Gebler me l'a envoyé sous le nom de *Varius*.

28. B. Ustulatum.

Supra viridi-æneum; thorace subquadrato, postice subangustato, utrinque bistriato, angulis posticis rectis; elytris oblongo-ovatis, striato-punctatis, fasciis undatis macularibus tribus apiceque pallide testaceis obsoletis, punctisque duobus impressis; antennis basi rufo-testaceis; pedibus obscure testaceis æneo-micantibus.

Sturm. vi. p. 158. n° 34.

Carabus Ustulatus. FABR. *Sys. el.* I. p. 208. n° 206.
SCH. *Syn. ins.* I. p. 222. n° 295.
Elaphrus Ustulatus. DUFTSCHMID. II. p. 202. n° 15.
Notaphus Ustulatus. DEJ. *Cat.* p. 16.
Carabus Varius. OLIV. III. 35. p. 110. n° 154. T. 14. fig. 165. a. b. c. d.
Notaphus Fumigatus. ZIEGLER.

Long. 2 lignes. Larg. ¾ ligne.

Il est plus petit que l'*Impressum*, proportionnellement moins large, et sa couleur est en-dessus d'un vert-bronzé ordinairement assez obscur. La tête est assez grande, presque triangulaire, et elle a de chaque côté, entre les antennes, une impression longitudinale fortement marquée. Les mandibules et les palpes sont d'un brun un peu roussâtre. Les antennes sont un peu plus courtes que la moitié du corps; leurs quatre premiers articles sont d'une couleur testacée un peu rougeâtre, avec une tache d'un brun-obscur très-légèrement bronzé sur le premier, et l'extrémité des suivants; les autres sont d'un brun un peu roussâtre et quelquefois presque de la couleur des premiers. Les yeux sont noirâtres, assez gros et assez saillants. Le corselet est plus large que la tête, moins long que large, presque carré, arrondi antérieurement sur les côtés, un peu rétréci postérieurement et peu convexe; il a quelques rides transversales ondulées, à peine distinctes; la ligne longitudinale est fine, assez marquée dans son milieu et ne dépasse guère les deux impressions transversales; l'antérieure est en arc de cercle et peu distincte; la postérieure est plus fortement marquée; il a de chaque côté de la base une impression assez profonde, presque arrondie, dont le fond est un peu rugueux, et dans laquelle on remarque deux stries longitudinales assez distinctes, dont l'extérieure forme presque une petite côte élevée, près de l'angle postérieur; le bord antérieur est légèrement échancré; les angles antérieurs sont obtus et presque arrondis; les côtés sont rebordés; ils tombent carrément sur la base et forment avec elle un angle droit; la base est coupée presque carrément. Les élytres sont plus larges que le corselet, assez allongées, légèrement ovales et très-peu convexes; elles ont chacune trois bandes de taches d'un jaune-testacé très-pâle: la première tout-à-fait à la base; la seconde, à peu près au tiers des élytres, est un peu oblique et paraît souvent se réunir vers la suture à la première; la troisième, à peu près aux deux tiers des élytres, est presque en arc de cercle; l'extrémité est aussi de la même couleur et paraît souvent se réunir par le bord des élytres à la troisième bande; toutes ces taches sont très-peu distinctes et souvent même presque entièrement effacées; les stries sont assez marquées, finement, mais bien distinctement ponctuées; ordinairement les troisième et quatrième, sixième et septième ne vont pas tout-à-fait jusqu'à l'extrémité et se réunissent deux à deux; quelquefois c'est la cinquième qui se réunit à la sixième, et la septième se prolonge alors jusqu'à l'extrémité; les intervalles sont planes; on voit sur le troisième deux points enfoncés bien distincts: le premier à peu près au tiers, et le second aux deux tiers des élytres. Le dessous du corps est d'un noir un peu bronzé. Les pattes sont d'une couleur testacée plus ou moins claire, plus ou moins obscure et brillantées d'un reflet bronzé plus ou moins distinct.

Il se trouve très-communément en France, en Espagne, en Allemagne, en Autriche, en Dalmatie et dans les provinces méridionales de la Russie, sur le bord des eaux et courant sur la vase. Je ne crois pas qu'il se trouve en Suède.

J'ai reçu de M. Eschscholtz un individu venant du Kamtschatka, et de M. Schüppel un autre venant d'Égypte, qui me paraissent appartenir à cette espèce.

29. B. Sibiricum.

Supra viridi-æneum; thorace quadrato, subtransverso, postice utrinque bistriato, angulis posticis rectis; elytris oblongo-ovatis, striato-punctatis, fasciis undatis macularibus tribus apice-

que pallide testaceis obsoletis, punctisque duobus impressis; antennis basi rufo-testaceis; pedibus testaceis æneo-micantibus.

Notaphus Sibiricus. ESCHSCHOLTZ.
VAR. *Notaphus Gilvipes.* ESCHSCHOLTZ.

Long. 2 ¼ lignes. Larg. 1 ligne.

Il ressemble beaucoup à l'*Ustulatum*, et n'en est peut-être qu'une variété. Il est un peu plus grand, proportionnellement un peu plus large et à peu près de la même couleur. Le corselet est plus carré, presque transversal, moins arrondi antérieurement sur les côtés, moins rétréci postérieurement et un peu plus plane; la ligne longitudinale du milieu et les deux impressions transversales sont plus fortement marquées; les côtés sont plus distinctement rebordés. Les élytres sont un peu plus larges; les taches sont un peu plus distinctes, un peu plus grandes, et toute la base paraît presque d'un jaune-testacé très-pâle; les stries sont disposées comme dans l'*Undulatum*. Le dessous du corps est d'un noir-verdâtre un peu bronzé. Les pattes sont d'une couleur testacée un peu plus pâle.

Il se trouve en Sibérie, et il m'a été envoyé par M. Gebler comme le *Notaphus Sibiricus* d'Eschscholtz. Ce dernier m'a envoyé sous le nom de *Notaphus Gilvipes* un individu pris au Kamtschatka, qui me paraît devoir être rapporté à cette espèce.

30. B. INDISTINCTUM.

Supra viridi-æneum, thorace subquadrato, postice utrinque bistriato, angulis posticis rectis; elytris oblongis, tenue striato-punctatis, fasciis undatis macularibus tribus apiceque pallide testaceis obsoletis, punctisque duobus impressis; antennis basi testaceis; pedibus testaceis æneo-micantibus.

Notaphus Indistinctus. ESCHSCHOLTZ.

Long. 2 lignes. Larg. $\frac{3}{4}$ ligne.

Il ressemble beaucoup à l'*Ustulatum;* il est à peu près de la même grandeur et de la même couleur, mais sa forme est un peu plus allongée. Les deux impressions longitudinales de la tête sont moins fortement marquées. Les antennes sont à peu près comme celles de l'*Ustulatum*. Les yeux sont beaucoup moins saillants. Le corselet est un peu plus long, moins large et moins arrondi antérieurement, ce qui le fait paraître moins rétréci postérieurement; l'impression transversale postérieure est un peu moins marquée. Les élytres sont un peu plus allongées; les taches sont de la même couleur et disposées à peu près de la même manière; les stries sont un peu plus fines et moins fortement ponctuées; il y a de même deux points enfoncés sur le troisième intervalle, mais le premier est placé un peu plus haut, et le second un peu plus bas. Le dessous du corps et les pattes sont à peu près comme dans l'*Ustulatum*.

Il se trouve dans la Californie, et il m'a été envoyé par M. Eschscholtz, sous le nom spécifique que je lui ai conservé.

31. B. Obliquum.

Supra obscure viridi-æneum; thorace quadrato, postice utrinque bistriato, angulis posticis rectis; elytris oblongo-ovatis, striato-punctatis, fasciis undatis macularibus duabus (prima interrupta) testaceis obsoletis, punctisque duobus impressis; antennis pedibusque plerumque nigris.

Sturm. vi. p. 160. n° 35. t. 161. fig. a. A.
Sahlberg. *Dissert. ent. ins. Fennica*. p. 203. n° 28.
Notaphus Obliquus. Dej. *Cat.* p. 16.
B. Ustulatum. Gyllenhal. ii. p. 29. n° 15. et iv. p. 412. n° 15.

Long. 1 $\frac{3}{4}$ ligne. Larg. $\frac{2}{3}$ ligne.

Il ressemble beaucoup à l'*Ustulatum*, mais il est un peu plus petit, et sa couleur est en-dessus d'un vert-bronzé plus obscur. La tête est à peu près comme celle de l'*Ustulatum*. Les mandibules et les palpes sont ordinairement d'un brun noirâtre. Les antennes sont presque entièrement d'un brun noirâtre; la base du premier article est seulement d'un brun roussâtre; cependant quelquefois cet article est entièrement d'un rouge testacé. Les yeux sont un peu moins saillants. Le corselet est moins arrondi antérieurement sur les côtés, et moins rétréci postérieurement, ce qui le fait paraître plus carré. Les élytres sont un peu moins ovales et plus parallèles; les taches sont d'une couleur un peu plus jaune et moins pâle; ordinairement la bande de la base manque entièrement, quelquefois cependant elle est remplacée par une tache arrondie très-petite et peu distincte; la seconde bande est composée de taches plus petites, ordinairement séparées les unes des autres; quelquefois on aperçoit une petite tache à l'extrémité, mais ordinairement il n'y en a pas; les stries sont disposées comme dans l'*Ustulatum*, mais elles me paraissent un peu plus fines et moins fortement ponctuées; on voit sur le troisième intervalle deux points enfoncés placés de la même manière. Le dessous du corps est d'un noir un peu verdâtre. Les pattes sont ordinairement noires, avec un léger reflet bronzé sur les cuisses; cependant dans quelques individus les cuisses sont entièrement d'un rouge testacé, et les jambes d'un brun roussâtre.

Il est très-commun en Suède, en Finlande et dans le nord de la Russie; on le trouve aussi quelquefois en Allemagne.

C'est à cette espèce qu'il faut rapporter l'*Ustulatum* de Gyllenhal et des auteurs suédois.

32. B. Patruele. *Mihi.*

Supra obscure viridi-æneum; thorace quadrato, postice utrinque bistriato, angulis posticis rectis; elytris oblongo-ovatis, striato-punctatis, fasciis undatis macularibus tribus apiceque pallide testaceis obsoletis, punctisque duobus impressis; antennarum basi pedibusque testaceis.

Long. 1 $\frac{3}{4}$ ligne. Larg. $\frac{2}{3}$ ligne.

Il ressemble beaucoup à l'*Obliquum* par la grandeur, la forme et la couleur. La tête et le corselet sont à peu près comme dans cette espèce. Le premier article des antennes et la base des trois suivants sont d'une couleur testacée un peu rougeâtre. Les élytres ont à peu près la même forme, mais les bandes de taches sont à peu près comme dans l'*Ustulatum;* elles sont striées et ponctuées comme dans cette dernière espèce. Le dessous du corps est d'un noir un peu verdâtre. Les pattes sont d'un jaune testacé; quelquefois les cuisses sont couvertes d'un très-léger reflet bronzé.

Il se trouve communément dans l'Amérique septentrionale, et je l'ai reçu de M. Leconte.

33. B. Spretum. *Mihi.*

Supra obscure viridi-æneum; thorace quadrato, postice utrinque bistriato, angulis posticis rectis; elytris oblongis, profunde striato-punctatis, fascia undata postica maculari testacea obsoleta, punctisque duobus impressis; antennarum basi pedibusque obscure rufo-testaceis.

Long. 1 $\frac{3}{4}$ ligne. Larg. $\frac{2}{3}$ ligne.

Il ressemble beaucoup à l'*Obliquum;* il est à peu près de la même grandeur et de la même couleur, mais il est un peu plus allongé. La tête et le corselet sont à peu près comme dans l'*Obliquum.* Le premier article des antennes est d'une couleur testacée-obscure un peu rougeâtre, avec l'extrémité d'un noir un peu bronzé. Les élytres sont un peu plus allongées, moins ovales et plus parallèles; la première bande de taches testacées est entièrement effacée; la seconde seule est distincte; les stries sont plus fortement marquées et plus fortement ponctuées; les deux points enfoncés que l'on voit sur le troisième intervalle sont aussi un peu plus marqués; le second est placé un peu plus bas. Le dessous du corps est d'un noir un peu verdâtre. Les pattes sont d'un rouge-testacé assez obscur.

Je ne possède qu'un seul individu de cette espèce; il m'a été envoyé par M. de Höpfner, comme venant du Mexique.

34. B. Dorsale.

Capite thoraceque viridi-æneis; thorace subquadrato, postice subangustato, utrinque bistriato, angulis posticis rectis; elytris oblongo-ovatis, testaceis, æneo-micantibus, striato-punctatis, fasciis undatis tribus fuscis obsoletis, punctisque duobus impressis; antennis pedibusque testaceis.

Say. *Transactions of the American phil. Society. new series.* II. p. 84. n° 4.

Long. 2 ¼ lignes. Larg. 1 ligne.

Il est un peu plus grand que l'*Ustulatum*, et proportionnellement un peu plus large. La tête et le corselet sont d'un vert plus brillant. La tête est à peu près comme celle de l'*Ustulatum*. Les palpes et les antennes sont entièrement d'un jaune-testacé assez pâle. Les yeux sont un peu moins saillants. Le corselet est moins arrondi sur les côtés antérieurement et moins rétréci postérieurement; les rides transversales ondulées sont un peu plus distinctes. Les élytres sont un peu plus larges; elles ont des taches disposées à peu près de la même manière, mais ces taches sont beaucoup plus grandes, de sorte que les élytres paraissent d'un jaune-testacé recouvert d'un léger reflet bronzé, avec trois bandes ondulées d'un brun obscur: la première à peine sensible vers la base; la seconde aux deux tiers des élytres, et la troisième vers l'extrémité; les stries sont bien marquées, assez fortement ponctuées vers la base et presque lisses vers l'extrémité; les troisième et quatrième, cinquième et sixième se réunissent deux à deux et ne vont pas jusqu'à l'extrémité; les intervalles sont un peu relevés; on voit sur le troisième deux points enfoncés bien distincts, placés à peu près comme dans l'*Ustulatum*. Le dessous du corps est d'un noir un peu brunâtre. Les pattes sont entièrement d'un jaune testacé.

Il se trouve dans l'Amérique septentrionale; je ne possède qu'un individu de cet insecte, qui m'a été envoyé par M. Say.

35. B. Fumigatum. *Creutzer.*

Capite thoraceque viridi-æneis; thorace quadrato, postice utrinque bistriato, angulis posticis rectis; elytris ovatis, pallide testaceis, æneo-micantibus, striato-punctatis, fasciis undatis tribus obscure viridi-æneis, punctisque duobus impressis; antennarum basi pedibusque testaceis.

Elaphrus Fumigatus. Duftschmid. II. p. 204.

Notaphus Fumigatus. Dej. *Cat.* p. 16.

Notaphus Exarticulatus. Megerle. Dahl. *Coleoptera und Lepidoptera.* p. 12.

Notaphus Ustulatus. Gebler.

Long. 1 $\frac{1}{2}$ ligne. Larg. $\frac{2}{3}$ ligne.

Il est beaucoup plus petit que l'*Ustulatum*, et proportionnellement un peu plus court et un peu plus large. La tête et le corselet sont à peu près de la même couleur. La tête est un peu plus allongée. Les trois premiers articles des antennes et la base du quatrième sont entièrement d'un jaune-testacé assez pâle; les autres sont d'un brun-obscur plus ou moins roussâtre et quelquefois presque de la couleur des premiers. Les yeux sont beaucoup moins saillants. Le corselet est moins arrondi antérieurement sur les côtés, moins rétréci postérieurement, ce qui le fait paraître plus carré et un peu plus plane; les deux stries longitudinales que l'on voit de chaque côté de la base sont un peu plus marquées. Les élytres sont un peu plus courtes, un peu plus larges et un peu plus ovales; elles ont à peu près les même taches; mais ces taches sont beaucoup plus grandes, de sorte que les élytres paraissent d'un jaune-testacé assez pâle, légèrement brillanté d'une teinte bronzée, avec trois bandes ondulées d'un vert-bronzé assez obscur : la première peu distincte au quart des élytres; la seconde assez large à peu près au milieu, et la troisième vers l'extrémité; elles sont striées et ponctuées à peu près de la même manière, mais les stries sont un peu plus fortement marquées. Le dessous du corps est d'un noir un peu verdâtre. Les pattes sont entièrement d'un jaune-testacé assez pâle.

Il se trouve en Allemagne, en Autriche, dans les provinces méridionales de la Russie et même en Sibérie; M. Gebler me l'a envoyé sous le nom d'*Ustulatus*.

36. B. Niloticum. *Mihi.*

Supra viridi-æneum; thorace breviore, cordato, postice utrinque foveolato, obsolete bistriato, angulis posticis rectis; elytris ovatis, striato-punctatis, macula obsoleta postica pallide testacea, punctisque duobus impressis; antennarum basi pedibusque obscure testaceis.

Long. 1 $\frac{1}{2}$ ligne. Larg. $\frac{2}{3}$ ligne.

Il est à peu près de la grandeur du *Fumigatum*, et sa couleur est en-dessus d'un vert-bronzé peu brillant. La tête est assez large et presque triangulaire; les deux impressions entre les antennes sont placées obliquement, presque réunies antérieurement et assez fortement marquées. Les mandibules et les palpes sont d'un brun noirâtre. Les antennes ne sont guère plus longues que la tête et le corselet réunis; leurs premiers articles sont d'un jaune-testacé assez obscur; les autres sont d'un brun-noirâtre, quelquefois un peu roussâtre. Les yeux sont noirâtres, très-gros et très-saillants. Le corselet est un peu plus large que la tête, moins long que large, assez court, arrondi antérieurement sur les côtés, rétréci postérieurement, assez fortement cordiforme et peu convexe; il a quelques rides transversales ondulées, à peine distinctes; la ligne longitudinale du milieu est fine et peu marquée; les deux impressions transversales, dont l'antérieure est en arc de cercle, sont peu distinctes; il a de chaque côté de la base une impression presque arrondie, assez fortement marquée, dont le fond est un peu rugueux et dans laquelle on distingue deux petites stries longitudinales très-peu apparentes; le bord antérieur est légèrement échancré; les angles antérieurs sont obtus et presque arrondis; les côtés sont rebordés et un peu déprimés vers les angles postérieurs; ceux-ci sont un peu relevés et coupés presque carrément; la base est coupée un peu obliquement sur les côtés, et presque carrément dans son milieu. Les élytres sont plus larges que le corselet, en ovale peu allongé et peu convexes; elles ont tout-à-fait à l'extrémité une tache très-peu distincte, d'un jaune-testacé assez pâle; les stries sont disposées à peu près comme celles de l'*Ustulatum;* elles sont assez fines, assez fortement ponctuées et leur extrémité est peu distincte; les intervalles sont presque planes; on voit sur le troisième deux points enfoncés placés à peu près comme dans l'*Ustulatum*. Le dessous du corps est d'un vert-bronzé obscur. Les pattes sont d'un jaune-testacé obscur un peu roussâtre, avec un très-léger reflet bronzé sur les cuisses.

Il se trouve en Égypte, et il m'a été envoyé par MM. Klug et Schüppel.

37. B. Pallidipenne.

Capite thoraceque viridi-æneis; thorace cordato, postice utrinque foveolato, obsolete bistriato, angulis posticis rectis; elytris oblongis, pallide testaceis, æneo – micantibus, striato-punctatis, punctisque duobus impressis; antennis pedibusque testaceis.

Sturm. *Catal.* p. 100.

Peryphus Pallidipennis. DEJ. *Cat.* p. 17.
B. Ephippium. BRIGTHWEL. STURM. *Catal.* p. 100.

Long. 1 $\frac{1}{3}$ ligne. Larg. $\frac{1}{2}$ ligne.

Il est un peu plus petit que le *Fumigatum*, et proportionnellement plus étroit. La tête et le corselet sont d'un vert-bronzé assez brillant. La tête est assez grande, presque triangulaire, et elle a, entre les antennes, deux impressions longitudinales fortement marquées. Les mandibules sont d'un brun un peu roussâtre. Les palpes sont d'un jaune testacé. Les antennes sont de la même couleur et un peu plus courtes que la moitié du corps. Les yeux sont noirâtres, assez gros et assez saillants. Le corselet est plus large que la tête, presque aussi long que large, arrondi antérieurement sur les côtés, rétréci postérieurement, assez fortement cordiforme et peu convexe; il a quelques rides transversales ondulées, à peine distinctes; la ligne longitudinale du milieu est assez marquée; les deux impressions transversales, dont l'antérieure est en arc de cercle, sont de même assez marquées; il a de chaque côté de la base une impression presque arrondie, assez profonde, dont le fond est un peu rugueux, et dans laquelle on distingue deux petites stries longitudinales peu apparentes; le bord antérieur est légèrement échancré; les angles antérieurs sont obtus et presque arrondis; les côtés sont rebordés; ils tombent carrément sur la base et forment avec elle un angle droit; la base est coupée carrément. Les élytres sont plus larges que le corselet, assez allongées, légèrement ovales, presque parallèles, presque planes, d'un jaune-testacé très-pâle, presque blanchâtre et recouvertes d'un très-léger reflet bronzé, qui forme quelquefois une grande tache triangulaire obscure, à peine distincte, à la base, une autre au-delà du milieu, et une bande transversale en croissant vers l'extrémité; les stries sont assez marquées, bien distinctement ponctuées, et disposées à peu près comme dans l'*Ustulatum*; mais les sixième et septième sont un peu plus courtes et ne paraissent pas réunies; les intervalles sont planes; on voit sur le troisième, près de la troisième strie, deux points enfoncés assez distincts : le premier au tiers, et le second à peu près aux trois quarts des élytres. Le dessous du corps est d'un noir un peu verdâtre. Les pattes sont d'un jaune-testacé assez pâle.

Il se trouve communément dans le midi de la France; je l'ai pris aussi en Espagne.

M. Sturm m'a envoyé deux individus absolument semblables : l'un venant du midi de la France comme son *Pallidipenne*, et l'autre comme venant d'Angleterre, sous le nom d'*Ephippium* de Brigthwel et de son Catalogue.

38. B. Venustulum. *Ziegler.*

Supra viridi-æneum ; thorace quadrato, postice subangustato, utrinque foveolato, obsolete bistriato, angulis posticis rectis ; elytris oblongo-ovatis, striato-punctatis, punctisque duobus impressis ; antennarum basi, tibiis tarsisque testaceis; femoribus fusco-æneis.

Leja Venustula. Dej. *Cat.* p. 17.
B. Metallicum. Sturm. *Catal.* p. 100.

Long. 2 lignes. Larg. $\frac{3}{4}$ ligne.

Il est à peu près de la grandeur de l'*Ustulatum*, et sa couleur est entièrement en-dessus d'un vert-bronzé assez brillant, quelquefois un peu cuivreux. La tête est assez allongée, presque triangulaire, et elle a de chaque côté, entre les antennes, une impression longitudinale assez marquée. Les mandibules sont d'un brun roussâtre. Les palpes sont d'un jaune-testacé un peu roussâtre, avec le pénultième article des maxillaires d'un brun noirâtre. Les antennes sont à peu près de la longueur de la moitié du corps; leurs trois ou quatre premiers articles sont d'un jaune-testacé assez pâle; les autres sont d'un brun noirâtre. Les yeux sont noirâtres, assez grands et à peine saillants. Le corselet est plus large que la tête, presque aussi long que large, presque carré, légèrement arrondi antérieurement sur les côtés, un peu rétréci postérieurement et assez convexe; il a quelques rides transversales ondulées, à peine distinctes, qui ne sont guère sensibles que sur les bords de la ligne longitudinale du milieu ; celle-ci est fortement marquée et ne dépasse pas les deux impressions transversales; l'antérieure est peu distincte et forme presque un angle sur la ligne du milieu ; la postérieure est fortement marquée; il a de chaque côté de la base une impression presque arrondie, assez grande et assez profonde, dans laquelle on remarque deux petites stries longitudinales à peine distinctes; le bord antérieur est légèrement échancré ; les angles antérieurs sont obtus; les côtés sont rebordés; ils se redressent près de la base et forment avec elle un angle droit; la base est coupée presque carrément. Les élytres sont plus larges que le corselet, un peu plus ovales que celles de l'*Ustulatum* et un peu plus convexes ; les stries sont assez fines, assez marquées, distinctement ponctuées, peu distinctes et presque effacées vers l'extrémité et disposées à peu près comme celles de l'*Ustulatum;* les intervalles sont planes; on voit sur le troisième, près de la troisième strie, deux points enfoncés assez distincts : le premier à peu près au tiers, et le second aux deux tiers des élytres. Le dessous du corps est d'un noir un peu verdâtre. Les cuisses sont d'un brun-obscur légèrement bronzé. Les jambes et les tarses sont d'un jaune testacé.

Il se trouve en Autriche. M. Besser me l'a envoyé comme venant de la Podolie méridionale.

39. B. LATICOLLE. *Megerle.*

Supra viridi-æneum ; thorace transverso, subquadrato, antice angustato, postice bistriato, angulis posticis rectis ; elytris oblongo-ovatis, striato-punctatis, punctisque duobus impressis ; antennarum basi pedibusque obscure testaceis.

STURM. VI. p. 124. n° 10. T. 156. fig. a. A.

Elaphrus Laticollis. DUFTSCHMID. II. p. 206. n° 19.
Notaphus Laticollis. DEJ. *Cat.* p. 16.

Long. 2 ½ lignes. Larg. 1 ligne.

Il est à peu près de la grandeur du *Paludosum*, et sa couleur est en-dessus d'un vert-bronzé assez brillant. La tête est presque ovale, assez allongée, et les deux impressions entre les antennes sont peu marquées. Les mandibules sont d'un brun un peu roussâtre. Les palpes sont de cette dernière couleur, avec les deux derniers articles des maxillaires d'un brun noirâtre. Les antennes sont plus courtes que la moitié du corps; leurs deux ou trois premiers articles sont d'une couleur testacée un peu rougeâtre et assez obscure; les autres sont d'un brun noirâtre. Les yeux sont noirâtres, assez grands et peu saillants. Le corselet est presque le double plus large que la tête, moins long que large, assez court, transversal, presque carré, rétréci et légèrement arrondi sur les côtés antérieurement et peu convexe; il a quelques rides transversales ondulées, à peine distinctes; la ligne longitudinale du milieu est fine, peu marquée, et ne dépasse pas les deux impressions transversales; l'antérieure est en arc de cercle, à peine distincte, et la postérieure assez fortement marquée; il a de chaque côté de la base une impression presque arrondie, peu marquée, dont le fond est légèrement rugueux, et deux petites stries longitudinales assez fortement marquées; le bord antérieur est légèrement échancré; les angles antérieurs sont obtus; les côtés sont rebordés; ils tombent carrément sur la base et forment avec elle un angle droit, dont le sommet est assez aigu; la base est coupée presque carrément. Les élytres sont plus larges que le corselet, assez allongées, légèrement ovales et peu convexes; les stries sont disposées à peu près comme celles de l'*Ustulatum*, assez fines et assez fortement ponctuées; leur extrémité est moins marquée et presque lisse; les intervalles sont presque planes; on voit sur le troisième, près de la troisième strie, deux points enfoncés assez marqués : le premier au tiers, et le second à peu près aux deux tiers des élytres. Le dessous du corps est d'un noir un peu verdâtre. Les pattes sont d'une couleur testacée un peu rougeâtre assez obscure, avec un léger reflet bronzé sur les cuisses.

Il se trouve en Autriche.

CINQUIÈME DIVISION.

40. B. Paludosum.

Supra æneum ; thorace subquadrato, postice sinuato, utrinque striato, angulis posticis rectis; elytris oblongo-ovatis, striato-punctatis, foveolis quadratis duabus impressis, stria quarta sinuata; pedibus obscure viridi-æneis.

Sturm. vi. p. 179. n° 46.

Dej. *Cat.* p. 16.

Elaphrus Paludosus. Panzer. *Fauna german.* 20. n° 4.

Sch. *Syn. ins.* 1. p. 248. n° 7.

Duftschmid. ii. p. 199. n° 11.

Elaphrus Littoralis. Oliv. ii. 34. p. 6. n° 4. t. 1. fig. 7. a. b.

Le Bupreste bronzé à deux points enfoncés. Geoff. i. p. 158. n° 35.

Var. *B. Elegans.* Kollar. Dahl. *Coleoptera und Lepidoptera.* p. 12.

Long. 2 ½ lignes. Larg. 1 ligne.

Il ressemble beaucoup à l'*Impressum*, mais il est un peu plus allongé. La tête est un peu moins large. Les premiers articles des antennes sont entièrement d'un vert-bronzé obscur. Le corselet est plus allongé, moins large et ne paraît nullement transversal; l'impression transversale postérieure est moins marquée, et les angles antérieurs sont moins saillants et moins aigus. Les élytres sont un peu moins larges, moins ovales et un peu plus allongées; la portion comprise entre la suture et la quatrième strie est ordinairement d'un bronzé-cuivreux un peu rougeâtre, et l'on aperçoit plusieurs taches de cette couleur un peu au-delà du milieu des élytres, sur les cinquième, sixième et septième intervalles; ces taches sont quelquefois très-marquées, quelquefois à peine distinctes, quelquefois très-petites, quelquefois grandes, réunies, et ne formant qu'une seule tache; le reste des élytres, et surtout les taches carrées, sont d'un bronzé plus clair et plus verdâtre; le quatrième intervalle est un peu plus étroit que les autres; les stries sont disposées à peu près de la même manière; mais la quatrième est toujours assez fortement sinuée, surtout vers la base; dans quelques individus même elle paraît presque, dans cette partie, se réunir à la troisième; celle-ci et les cinquième et sixième sont presque toujours aussi légèrement sinuées. Le dessous du corps est d'un vert-bronzé assez brillant. Les pattes sont d'un bronzé verdâtre, avec la base des cuisses d'un jaune testacé.

Il se trouve en France, en Allemagne, en Autriche, dans les provinces méridionales de la Russie et même en Sibérie; il n'est pas rare aux environs de Paris.

L'*Elegans* de Kollar, que l'on trouve en Hongrie, ne me paraît qu'une variété un peu plus brillante de cette espèce.

41. B. Arenarium. *Melsheimer.*

Supra æneum; thorace oblongo, subquadrato, postice subsinuato, utrinque striato, angulis posticis rectis; elytris oblongo-ovatis, striato-punctatis, foveolis quadratis duabus impressis, stria quarta sinuata; antennarum, femorum tibiarumque basi testaceis.

Sturm. *Cat.* p. 99.

Long. 2 lignes. Larg. $\frac{3}{4}$ ligne.

Il ressemble beaucoup au *Paludosum*, mais il est plus petit, proportionnellement plus allongé, et sa couleur est en-dessus d'un bronzé moins brillant et moins cuivreux. La téte est un peu plus allongée que celle du *Paludosum*. Le premier article des antennes est d'un jaune-testacé un peu rougeâtre. Le corselet est moins large, plus allongé, beaucoup moins arrondi antérieurement sur les côtés, moins sinué près de la base et un peu plus convexe; les rides transversales ondulées sont à peine distinctes; l'impression transversale postérieure est moins marquée; les angles antérieurs sont moins saillants et moins aigus; les postérieurs sont aussi un peu moins saillants. Les élytres sont un peu moins larges et moins brillantes; elles sont striées à peu près de la même manière, mais les stries sont un peu plus fortement ponctuées; on remarque les mêmes taches sur le troisième intervalle. Le dessous du corps est d'un vert-bronzé assez brillant. Les pattes sont d'un vert bronzé, avec la base des cuisses et des jambes d'un jaune testacé.

Il se trouve dans l'Amérique septentrionale. Il m'a été envoyé par M. Leconte, et je l'ai reçu de M. Sturm, comme l'*Arenarium* de Melsheimer et de son Catalogue.

42. B. Impressum.

Supra æneum; thorace transverso, subquadrato, postice sinuato, utrinque striato, angulis posticis rectis; elytris oblongo-ovatis, striato-punctatis, foveolis quadratis duabus impressis; pedibus testaceis, viridi-æneo-micantibus.

Gyllenhal. II. p. 13. n° 2. et IV. p. 401. n° 2.
Sahlberg. *Dissert. entom. ins. Fennica.* p. 190. n° 3.
Sturm. VI. p. 177. n° 45.
Dej. *Cat.* p. 16.
Elaphrus Impressus. Fabr. *Sys. el.* I. p. 246. n° 4.
Sch. *Syn. ins.* I. p. 247. n° 4.

Long. 2 ¼, 3 ¼ lignes. Larg. 1, 1 ½ ligne.

Il varie beaucoup pour la grandeur, et sa couleur est ordinairement en-dessus d'un bronzé plus ou moins obscur, quelquefois un peu cuivreux et quelquefois même d'un vert un peu bleuâtre. La tête est peu avancée, large, triangulaire, et elle a de chaque côté, entre les yeux, une impression longitudinale un peu sinuée et fortement marquée. Les mandibules et les palpes sont d'un brun noirâtre. Les antennes sont un peu plus courtes que la moitié du corps; leurs quatre premiers articles sont d'un jaune-testacé assez pâle, avec l'extrémité de chaque article d'un vert bronzé; les autres sont d'un brun noirâtre. Les yeux sont noirâtres, très-gros et assez saillants. Le corselet est plus large que la tête, moins long que large, assez court, presque transversal, presque carré, légèrement arrondi antérieurement sur les côtés, sinué et un peu rétréci près de la base et très-peu convexe; il a quelques rides transversales ondulées, très-peu marquées, et quelques stries longitudinales près du bord antérieur, à peine distinctes; la ligne longitudinale du milieu est peu marquée; l'impression transversale antérieure est en arc de cercle et souvent peu distincte; la postérieure est plus fortement marquée; il a de chaque côté de la base une impression longitudinale assez courte, assez profonde, et dont les bords sont un peu rugueux; le bord antérieur est coupé presque carrément dans son milieu, mais les angles antérieurs sont avancés et assez aigus, ce qui le fait paraître assez fortement échancré; les côtés sont légèrement rebordés; ils se redressent près de la base et forment avec elle un angle droit, presque saillant, dont le sommet est assez aigu; la base est coupée obliquement sur les côtés, et presque carrément dans son milieu. Les élytres sont plus larges que le corselet, peu allongées, légèrement ovales et peu convexes; elles ont chacune neuf stries, et le commencement d'une dixième à la base, près de l'écusson; les troisième et quatrième, sixième et septième sont plus courtes et se réunissent deux à deux; les autres se prolongent jusqu'à l'extrémité; ces stries sont assez marquées, finement, mais distinctement ponctuées; les intervalles sont presque planes; le troisième est un peu plus large que les autres; on voit sur cet intervalle deux grandes taches un peu enfoncées, presque carrées, d'une couleur bronzée plus claire et plus brillante, qui en occupent toute la largeur, et dans la partie supérieure desquelles on remarque un petit point enfoncé assez distinct : la première de ces taches est placée à peu près au milieu, et l'autre aux deux tiers des élytres; on voit aussi ordinairement sur cet intervalle trois taches d'un bronzé plus obscur, un peu cuivreux et quelquefois même un peu violet : la première au-dessus de la première tache carrée; la seconde entre les deux, et la troisième au-dessous de la seconde; ces trois taches sont souvent très-peu marquées et quelquefois même entièrement effacées; toutes les stries sont ordinairement droites, ce qui distingue cette espèce du *Paludosum;* cependant dans quelques individus, et surtout dans les plus grands, la troisième paraît un peu sinuée près des taches carrées, et les quatrième et cinquième le sont aussi un peu vers la base, mais pas autant à beaucoup près que dans le *Paludosum*. Le dessous du corps est d'un vert-bronzé assez brillant. Les cuisses et les jambes sont d'un jaune testacé, avec un reflet d'un vert-bronzé plus ou moins apparent. Les tarses sont d'un brun-noirâtre quelquefois un peu bronzé.

Il se trouve assez communément en Suède, dans le nord et les parties orientales de la France, en Allemagne, en Russie, en Sibérie et même jusqu'au Kamtschatka. M. Leconte m'en a envoyé un individu venant de l'Amérique septentrionale.

Je ne l'ai jamais trouvé aux environs de Paris.

43. B. Stigmaticum. *Mihi.*

Supra æneum; thorace quadrato, antice subangustato, postice sinuato, utrinque striato, angulis posticis acutis prominulis; elytris ovatis, striato-punctatis, foveolis quadratis duabus impressis; femorum tibiarumque basi testacea.

Long. 3 lignes. Larg. 1 $\frac{1}{4}$ ligne.

Il est à peu près de la taille des plus grands individus de l'*Impressum*, et sa couleur est en-dessus d'un bronzé assez brillant. La tête est à peu près comme celle de l'*Impressum*. Les premiers articles des antennes sont d'un vert bronzé; le dessous du premier seulement est d'un jaune testacé. Le corselet est moins court, moins transversal, plus large postérieurement, ce qui le fait paraître un peu rétréci antérieurement, moins arrondi antérieurement sur les côtés et un peu plus convexe; les rides transversales ondulées sont plus distinctes; l'impression longitudinale de chaque côté de la base est plus fortement marquée; les angles antérieurs sont moins avancés et moins aigus; les postérieurs sont au contraire beaucoup plus saillants et plus aigus; la base est coupée plus obliquement sur les côtés. Les élytres sont un peu plus larges et un peu plus ovales; elles sont striées à peu près de la même manière; la ponctuation des stries est un peu plus fortement marquée; elles ont de même sur le troisième intervalle deux taches enfoncées, presque carrées, trois autres d'un bronzé plus obscur, un peu cuivreux, et un petit point enfoncé sur chaque tache carrée; sur l'une des élytres du seul individu que je possède, on remarque un troisième point enfoncé, placé au-dessous de la troisième tache carrée. Le dessous du corps est d'un vert-bronzé assez brillant. Les pattes sont d'un vert bronzé, avec la base des cuisses et des jambes d'un jaune testacé.

Il se trouve dans l'Amérique septentrionale, et il m'a été envoyé par M. Leconte.

44. B. Nitidulum. *Mihi.*

Supra cupreo-æneum; thorace quadrato, postice sinuato, utrinque striato, angulis posticis rectis; elytris oblongo-ovatis, profunde striato-punctatis, punctisque duobus impressis; antennarum basi pedibusque testaceis.

Long. 3 lignes. Larg. 1 ¼ ligne.

Il est à peu près de la taille des plus grands individus de l'*Impressum*, mais il est proportionnellement un peu moins large. La tête et le corselet sont en-dessus d'une couleur bronzée assez brillante et un peu cuivreuse. La tête est un peu plus allongée que celle de l'*Impressum*. Les trois premiers articles des antennes et la base du quatrième sont entièrement d'un jaune-testacé assez pâle; tout le reste est d'un brun noirâtre. Le corselet est moins court, nullement transversal, un peu moins sinué près de la base et plus convexe; les rides transversales ondulées sont moins distinctes, et il n'y a pas de traces de stries longitudinales, ni d'impression transversale près du bord antérieur; l'impression transversale postérieure, et celle longitudinale que l'on voit de chaque côté de la base, sont au contraire plus fortement marquées; les angles postérieurs sont un peu moins saillants, et la base est coupée un peu moins obliquement sur les côtés. Les élytres sont un peu moins larges et moins ovales; elles sont striées à peu près de la même manière, mais les stries sont très-fortement marquées et très-fortement ponctuées; les intervalles sont égaux, un peu relevés et d'un rouge cuivreux assez brillant; le fond des stries est d'un vert-bronzé assez clair; on voit sur le troisième intervalle, près de la troisième strie, deux points enfoncés assez gros et assez marqués : le premier au milieu, et le second à peu près aux trois quarts des élytres. Le dessous du corps est d'un vert-bronzé assez brillant. Les pattes sont entièrement d'un jaune testacé.

Il se trouve dans l'Amérique septentrionale. Je ne possède qu'un seul individu de cet insecte; il m'a été envoyé par M. Leconte.

45. B. Foraminosum.

Supra obscure æneum; thorace subquadrato, postice sinuato, utrinque striato, angulis posticis rectis; elytris oblongo-ovatis, striato-punctatis, foveolisque duabus impressis; pedibus obscure viridi-æneis.

Sturm. vi. p. 183. n° 48. t. 162. fig. b. B.

DEJ. *Cat.* p. 16.
Elaphrus Bipunctatus. DUFTSCHMID. II. p. 200. n° 12.

Long. 2 ½ lignes. Larg. 1 ligne.

Il est à peu près de la grandeur de l'*Impressum*, mais sa couleur est ordinairement en-dessus d'un bronzé plus obscur. La tête est un peu plus allongée. Les premiers articles des antennes sont presque entièrement d'un vert-bronzé obscur; la base du premier en-dessous est seulement un peu jaunâtre. Le corselet est à peu près comme celui du *Paludosum*. Les élytres sont striées à peu près comme celles de l'*Impressum*; on voit sur le troisième intervalle, qui ne paraît pas plus large que les autres, deux gros points enfoncés arrondis et très-fortement marqués, qui en occupent toute la largeur : le premier à peu près au milieu ; le second un peu avant les trois quarts des élytres; je possède quelques individus dans lesquels il y a un troisième point sur l'élytre gauche, entre le premier et le second, mais cela me paraît purement accidentel; toutes les stries sont tout-à-fait droites et ne paraissent pas sinuées. Le dessous du corps est d'un vert-bronzé un peu bleuâtre. Les pattes sont d'un vert-bronzé obscur, avec la base des cuisses d'un jaune testacé.

Il se trouve en Autriche, en Allemagne, en Suisse et dans les parties orientales de la France.

46. B. ORICHALCICUM.

Supra æneum ; thorace subquadrato, postice sinuato, utrinque striato, angulis posticis rectis; elytris oblongo-ovatis, striato-punctatis, punctisque duobus impressis; antennarum femorumque basi tibiisque testaceis.

STURM. VI. p. 184. n° 49. T. 163. fig. a. A.
DEJ. *Cat.* p. 16.
Elaphrus Orichalcicus. DUFTSCHMID. II. p. 201. n° 13.

Long. 2 $\frac{1}{3}$, 2 $\frac{3}{4}$ lignes. Larg. 1, 1 $\frac{1}{4}$ ligne.

Il est à peu près de la grandeur et de la forme de l'*Impressum*, et sa couleur est entièrement en-dessus d'un bronzé un peu plus terne et plus verdâtre. Le premier article des antennes est entièrement d'un jaune testacé; les autres sont à peu près comme dans l'*Impressum*. Le corselet est un peu moins court et paraît moins transversal; les angles antérieurs sont un peu moins avancés et moins aigus. Les élytres ont à peu près la même forme et sont striées à peu près de la même manière; les stries sont tout-à-fait droites; on voit sur le troisième intervalle, qui ne paraît pas plus large que les autres, près de la troisième strie, deux points enfoncés assez marqués et bien distincts: le premier à peu près au milieu, et le second à peu près aux trois quarts des élytres. Le dessous du corps est d'un vert-bronzé assez brillant. Les cuisses sont d'un vert bronzé, avec la base d'un jaune testacé. Les jambes sont de cette dernière couleur. Les tarses sont d'un brun noirâtre légèrement bronzé.

Il se trouve en France, en Allemagne, en Autriche, dans les provinces méridionales de la Russie et même en Sibérie. J'ai pris en Espagne, sur les bords du Tage, une variété de cette espèce dont la base des antennes et les pattes sont presque entièrement d'un vert bronzé.

47. B. Americanum. *Mihi.*

Supra æneum; thorace transverso, subquadrato, postice subsinuato, utrinque striato, angulis posticis rectis; elytris oblongo-ovatis, tenue striato-punctatis, foveolisque duabus impressis; antennarum, femorum tibiarumque basi testacea.

Long. 2 $\frac{1}{2}$ lignes. Larg. 1 ligne.

Il est à peu près de la grandeur du *Foraminosum*, mais il est un peu plus allongé, et sa couleur est en-dessus d'un bronzé moins obscur et plus brillant. La tête est à peu près comme celle du *Foraminosum*. Le premier article des antennes et la base du second et du troisième en-dessus sont d'un jaune-testacé un peu rougeâtre. Le corselet est plus court, plus transversal, plus arrondi antérieurement sur les côtés et moins sinué près de la base; le bord antérieur est légèrement échancré; les angles antérieurs sont moins avancés et presque obtus; les postérieurs sont à peine saillants. Les élytres sont moins ovales et un peu plus allongées; elles sont striées à peu près de la même manière, mais les stries sont un peu moins marquées; on voit sur la troisième deux gros points enfoncés arrondis, très-fortement marqués : le premier un peu avant le milieu, et le second à peu près aux trois quarts des élytres. Le dessous du corps est d'un vert-bronzé assez brillant. Les pattes sont d'un vert-bronzé, avec la base des cuisses et des jambes d'un jaune testacé.

Il se trouve assez communément dans l'Amérique septentrionale.

48. B. Antiquum. *Mihi.*

Supra æneum; thorace quadrato, postice subsinuato, utrinque striato, angulis posticis obtusis; elytris oblongo-ovatis, striato-punctatis, punctisque duobus impressis; antennarum, femorum tibiarumque basi testacea.

Long. 2 $\frac{2}{3}$ lignes. Larg. 1 ligne.

Il est à peu près de la grandeur du *Foraminosum*, mais il est un peu plus allongé, et sa couleur est en-dessus d'un bronzé moins obscur et plus brillant. La tête est un peu plus allongée. Le premier article des antennes est d'un jaune-testacé un peu rougeâtre; les trois suivants sont d'un vert-bronzé obscur; les autres sont d'un brun noirâtre. Le corselet est plus étroit, nullement transversal, plus arrondi antérieurement sur les côtés, ce qui le fait paraître un peu rétréci postérieurement, et moins sinué près de la base; les rides transversales ondulées sont plus distinctes; la ligne longitudinale du milieu, les deux impressions transversales et celle que l'on voit de chaque côté de la base sont plus fortement marquées; le bord antérieur est légèrement échancré; les angles antérieurs sont peu avancés et moins aigus; les postérieurs sont à peine saillants et assez obtus; la base est coupée un peu plus obliquement sur les côtés. Les élytres sont un peu plus allongées et un peu moins ovales; elles sont striées à peu près de la même manière; on voit sur le troisième intervalle, près de la troisième strie, deux points enfoncés assez marqués : le premier un peu avant le milieu, et le second à peu près aux trois quarts des élytres. Le dessous du corps est d'un vert-bronzé assez brillant. Les pattes sont d'un vert bronzé, avec la base des cuisses et des jambes d'un jaune testacé.

Il se trouve dans l'Amérique septentrionale. Je ne possède qu'un seul individu de cet insecte, qui m'a été envoyé par M. Leconte.

49. B. Chalceum. *Mihi.*

Supra obscure æneum; thorace subangustato, quadrato, postice sinuato, utrinque striato, angulis posticis obtusis; elytris oblongo-ovatis, profunde striato punctatis, punctisque duobus impressis; antennarum, femorum tibiarumque basi testacea.

Long. 2 $\frac{1}{2}$ lignes. Larg. 1 ligne.

Il ressemble beaucoup à l'*Antiquum*, mais sa couleur est en-dessus d'un bronzé plus obscur et quelquefois presque noirâtre. La tête est un peu plus allongée. Les antennes sont à peu près comme celles de l'*Antiquum*. Les yeux sont un peu moins gros et moins saillants. Le corselet est plus étroit, un peu moins arrondi antérieurement sur les côtés et plus convexe; l'impression transversale antérieure est à peine sensible; la postérieure est fortement marquée et forme un angle très-obtus sur la ligne du milieu; l'impression de chaque côté de la base est un peu moins marquée; la base est coupée un peu moins obliquement sur les côtés, ce qui fait paraître les angles postérieurs un peu plus saillants et moins obtus. Les élytres sont un peu plus ovales et un peu plus convexes; elles sont striées à peu près de la même manière; mais les stries sont un peu plus marquées et un peu plus fortement ponctuées; les intervalles sont moins planes et paraissent un peu relevés; on voit sur le troisième, presque sur la troisième strie, deux points enfoncés placés à peu près comme dans l'*Antiquum*. Le dessous du corps est d'un vert-bronzé assez brillant. Les pattes sont à peu près comme celles de l'*Antiquum;* je possède un individu dans lequel les cuisses et les jambes sont presque entièrement d'un jaune testacé.

Il se trouve dans l'Amérique septentrionale, et il m'a été envoyé par M. Leconte.

50. B. Ægyptiacum. *Mihi.*

Viridi-æneum; thorace transverso, subquadrato, antice subangustato, postice subsinuato, utrinque striato, angulis posticis rectis; elytris testaceis, æneo-micantibus, oblongo-ovatis, subparallelis, striato-punctatis, punctisque duobus impressis; antennarum basi pedibusque pallide testaceis.

B. Pallipes. Klug.

Long. 2 $\frac{1}{2}$ lignes. Larg. 1 ligne.

Il se rapproche beaucoup des *Pogonus* par le *facies*, mais c'est un véritable *Bembidium.* La tête et le corselet sont en-dessus d'un vert-bronzé assez brillant. La tête est large, peu avancée, triangulaire, non rétrécie postérieurement, et elle a de chaque côté, entre les yeux, une impression longitudinale assez fortement marquée. Les mandibules sont d'un brun un peu roussâtre. Les palpes sont d'un jaune-testacé très-pâle, avec l'extrémité du pénultième article un peu brunâtre. Les antennes sont plus courtes que la moitié du corps ; leurs quatre premiers articles sont également d'un jaune-testacé très-pâle; les autres sont d'un brun obscur. Les yeux sont noirâtres, très-gros et assez saillants. Le corselet est plus large que la tête, moins long que large, assez court, transversal, presque carré, un peu rétréci antérieurement, légèrement arrondi sur les côtés, un peu sinué près de la base et très-peu convexe; il a quelques rides transversales ondulées, et quelques stries longitudinales près du bord antérieur et de la base, les unes et les autres très-fines et peu distinctes; la ligne longitudinale du milieu est fine et peu marquée; elle ne dépasse pas les deux impressions transversales, qui sont assez fortement marquées, et dont l'antérieure est en arc de cercle; il a de chaque côté de la base une impression longitudinale assez profonde; le bord antérieur est un peu sinué; les angles antérieurs sont peu saillants et presque aigus; les côtés sont très-légèrement rebordés; ils se redressent près de la base et forment avec elle un angle droit, mais peu saillant; la base est un peu sinuée dans son milieu, et coupée à peine obliquement et presque carrément sur les côtés. Les élytres sont d'un jaune testacé et brillantées d'un vert bronzé plus marqué vers la base et dans le fond des stries; elles sont un peu plus larges que le corselet, assez allongées, très-légèrement ovales et presque parallèles; les stries sont assez marquées, finement, mais bien distinctement ponctuées, et disposées à peu près comme celles de l'*Impressum;* les intervalles sont planes; on voit sur le troisième, près de la troisième strie, deux points enfoncés bien distincts : le premier à peu près au milieu, et le second aux trois quarts des élytres. En-dessous la tête, le corselet et la poitrine sont d'un vert-bronzé assez brillant; l'abdomen est d'un brun-obscur un peu roussâtre, avec les côtés et l'extrémité d'un jaune testacé. Les pattes sont entièrement d'un jaune-testacé très-pâle.

Il se trouve en Égypte, et il m'a été envoyé par M. Klug sous le nom de *Pallipes*.

51. B. Senegalense. *Mihi.*

Pallide testaceum; capite thoraceque æneo-micantibus; thorace transverso, subquadrato, antice subangustato, postice subsinuato, utrinque striato, angulis posticis rectis; elytris oblongo-ovatis, subparallelis, striato-punctatis, punctisque duobus impressis.

Long. 2 ½ lignes. Larg. 1 ligne.

Il ressemble beaucoup à l'*Ægyptiacum*, dont il n'est peut-être qu'une variété récemment transformée. Il est presque entièrement d'un jaune-testacé très-pâle; seulement la tête et le corselet sont brillantés d'un léger reflet bronzé, et la poitrine est d'un jaune un peu roussâtre.

Je ne possède qu'un individu de cet insecte; il m'a été donné par M. Buquet, comme venant du Sénégal.

52. B. Foveolatum. *Mihi.*

Supra nigro-æneum; thorace subcordato, postice utrinque striato, angulis posticis obtusis; elytris oblongo-ovatis, striato-punctatis, foveolis duabus impressis, maculaque communi postica lunata pallida; antennarum basi pedibusque testaceis.

Long. 2 lignes. Larg. ¾ ligne.

Il est plus petit que le *Foraminosum*, et sa couleur est en-dessus d'un bronzé-obscur presque noirâtre. La tête est grande, peu avancée, presque triangulaire, et elle a de chaque côté, entre les yeux, une impression longitudinale assez fortement marquée. Les antennes sont un peu plus courtes que la moitié du corps, d'un brun noirâtre, avec le premier article et la base des trois suivants d'un jaune-testacé un peu roussâtre. Les yeux sont très-gros et très-saillants, ce qui fait paraître la tête rétrécie postérieurement. Le corselet est à peine plus large que la tête, moins long que large, assez court, arrondi antérieurement sur les côtés, rétréci postérieurement, presque cordiforme et presque plane; il a quelques rides transversales ondulées, à peine distinctes; la ligne longitudinale du milieu est assez marquée et ne dépasse pas les deux impressions transversales, qui sont moins fortement marquées; il a de chaque côté de la base une impression longitudinale assez distincte; le bord antérieur est légèrement échancré; les angles antérieurs sont peu saillants et presque obtus; les côtés sont légèrement rebordés; les angles postérieurs sont obtus et peu saillants; la base est coupée très-obliquement sur les côtés, et presque carrément dans son milieu. Les élytres sont plus larges que le corselet, en ovale peu allongé et peu convexes; elles ont presque à l'extrémité une grande tache commune en croissant, d'un blanc jaunâtre, qui s'étend jusqu'à la huitième strie, remonte jusqu'aux deux tiers des élytres, et dont le bord intérieur est assez fortement sinué; les stries sont assez marquées, bien distinctement ponctuées et disposées à peu près comme dans le *Foraminosum;* on voit sur le troisième intervalle deux gros points enfoncés arrondis, fortement marqués, qui en occupent presque toute la largeur : le premier à peu près au tiers, et le second aux deux tiers des élytres. Le dessous du corps est d'un vert-bronzé un peu obscur. Les pattes sont entièrement d'un jaune testacé.

Je ne possède qu'un individu de cet insecte; il m'a été donné par M. Buquet, comme venant du Sénégal.

SIXIÈME DIVISION.

53. B. Striatum.

Supra æneum; capite thoraceque punctatis; thorace cordato, angulis posticis rectis; elytris oblongo-ovatis, striato-punctatis, striis externis profundioribus, punctisque duobus impressis; antennarum basi pedibusque rufescentibus.

Sturm. vi. p. 186. n° 50. t. 163. fig. b. B.
Dej. *Cat.* p. 16.

Elaphrus Striatus. Fabr. *Sys. el.* I. p. 245. n° 3.
Sch. *Syn. ins.* I. p. 247. n° 3.
Duftschmid. II. p. 198. n° 10.

Long. 2 $\frac{1}{4}$ lignes. Larg. 1 ligne.

Il est un peu plus grand que le *Flavipes*, et sa couleur est en-dessus d'un bronzé quelquefois assez clair et assez brillant, et quelquefois plus ou moins obscur. La tête est assez allongée, triangulaire, entièrement couverte de points enfoncés assez marqués et assez serrés, et elle a de chaque côté, entre les antennes, une impression longitudinale qui n'est pas très-marquée. Les mandibules sont d'un brun un peu roussâtre. Les palpes sont noirâtres. Les antennes sont à peu près de la longueur de la moitié du corps; leur premier article est d'une couleur testacée un peu rougeâtre; les autres sont d'un brun noirâtre. Les yeux sont assez gros et assez saillants. Le corselet est un peu plus large que la tête, presque aussi long que large, arrondi antérieurement sur les côtés, assez fortement rétréci postérieurement, cordiforme et assez convexe; il est entièrement couvert de points enfoncés assez marqués et assez serrés, surtout sur les bords; la ligne longitudinale est assez fortement marquée dans le milieu et ne dépasse pas les deux impressions transversales, qui sont peu distinctes; le bord antérieur est coupé presque carrément; les angles antérieurs sont obtus et ne sont nullement saillants; les côtés sont rebordés; ils se redressent près de la base et forment avec elle un angle droit, presque saillant; la base est coupée presque carrément. Les élytres sont plus larges que le corselet, assez allongées, légèrement ovales et assez convexes; les stries sont assez fortement ponctuées, surtout vers la base; les extérieures sont un peu plus profondément marquées que les intérieures; les troisième et quatrième, cinquième et sixième ne vont pas jusqu'à l'extrémité et se réunissent deux à deux; les quatre ou cinq premiers intervalles sont presque planes; les autres sont un peu relevés; on voit sur le troisième, près de la troisième strie, deux points enfoncés assez distincts : le premier au tiers, et le second à peu près aux deux tiers des élytres. En-dessous la tête, le corselet et la poitrine sont d'un vert-bronzé obscur un peu bleuâtre; l'abdomen est d'un noir assez brillant. Les cuisses et les jambes sont d'une couleur testacée un peu rougeâtre, quelquefois plus ou moins obscures et quelquefois légèrement bronzées vers l'extrémité. Les tarses sont d'un brun noirâtre.

Il se trouve très-communément aux bords des eaux, en France, en Espagne, en Allemagne et en Autriche.

54. B. Ruficolle.

Capite viridi-æneo; thorace rufescente, æneo-micante, subcordato, antice posticeque punctato, angulis posticis rectis; elytris flavo-testaceis, æneo-micantibus, obsolete fusco-maculatis, oblongo-ovatis, striato-punctatis, punctisque duobus impressis; antennis pedibusque testaceis.

Gyllenhal. iv. p. 401. n° 3-4.
Dej. *Cat.* p. 17.
Elaphrus Ruficollis. Illiger. *Kæfer Preus.* 1. p. 226. n° 5.
Panzer. *Fauna german.* 38. n° 12.
Carabus Ruficollis. Sch. *Syn. ins.* 1. p. 224. n° 309.

Long. 1 $\frac{1}{2}$ ligne. Larg. $\frac{2}{3}$ ligne.

Il est beaucoup plus petit que le *Striatum* et proportionnellement moins allongé. La tête est en-dessus d'un vert-bronzé assez brillant; elle est assez grosse, peu allongée, presque triangulaire, et elle a de chaque côté, entre les antennes, une impression longitudinale et quelques points enfoncés assez marqués. La lèvre supérieure, les mandibules et les palpes sont d'un jaune-testacé un peu rougeâtre. Les antennes sont de la même couleur et un peu plus courtes que la moitié du corps. Les yeux sont noirâtres, très-gros et assez saillants. Le corselet est d'une couleur testacée un peu rougeâtre, brillantée d'un léger reflet bronzé, à peine plus large que la tête, moins long que large, assez court, légèrement arrondi antérieurement sur les côtés, un peu rétréci postérieurement, légèrement cordiforme et assez convexe; le bord antérieur et la base sont couverts de points enfoncés assez serrés et assez marqués, et il a dans le milieu quelques rides transversales ondulées, peu distinctes; la ligne longitudinale est assez marquée dans le milieu et ne dépasse pas les impressions transversales; l'antérieure est peu distincte; la postérieure est assez fortement marquée; le bord antérieur est coupé presque carrément; les angles antérieurs sont obtus et ne sont nullement saillants; les côtés sont légèrement rebordés; ils tombent carrément sur la base et forment avec elle un angle droit; la base est coupée presque carrément. Les élytres sont d'un jaune-testacé assez pâle, brillanté d'un léger reflet bronzé; elles ont vers la base, au milieu et vers l'extrémité, quelques taches obscures à peine distinctes; elles sont plus larges que le corselet, en ovale peu allongé et assez convexes; les stries sont disposées à peu près comme celles du *Striatum*, assez fortement marquées et bien distinctement ponctuées, surtout vers la base; les intervalles sont planes; on voit sur le troisième deux points enfoncés placés à peu près comme dans le *Striatum*. En-dessous la tête et le corselet sont d'un jaune-testacé un peu rougeâtre; la poitrine et l'abdomen sont d'un brun noirâtre; quelquefois les côtés et l'extrémité de l'abdomen sont de la couleur du corselet. Les pattes sont entièrement d'un jaune-testacé assez pâle.

Il se trouve en Suède et dans le nord de l'Allemagne.

55. B. Andreæ.

Capite thoraceque viridi-æneis; capite punctato; thorace cordato, angulis posticis rectis; elytris ovatis, albicantibus, basi fasciaque media transversa undata viridi-æneis, striato-punctatis, striis apice obsoletis, punctisque duobus impressis; antennis pedibusque testaceis.

Gyllenhal, II. p. 15. n° 3. et IV. p. 401. n° 3.

DEJ. *Cat.* p. 17.
Carabus Andreæ ? FABR. *Sys. el.* I. p. 204. n° 185.
SCH. *Syn. ins.* I. p. 212. n° 250.
Elaphrus Pallidipennis. ILLIGER. *Mag.* I. p. 489.
Carabus Pallidipennis. SCH. *Syn. ins.* I. p. 224. n° 310.

Long. 2 $\frac{1}{4}$ lignes. Larg. 1 ligne.

Il est à peu près de la grandeur du *Striatum*. La tête et le corselet sont d'un vert-bronzé assez brillant et quelquefois un peu cuivreux. La tête est un peu plus large, un peu moins allongée que celle du *Striatum*, et ponctuée à peu près de la même manière. Les mandibules sont d'un brun roussâtre. Les palpes et les antennes sont entièrement d'une couleur testacée un peu roussâtre. Les yeux sont un peu plus gros et un peu plus saillants. Le corselet est plus large que la tête, moins long que large, assez court, arrondi antérieurement sur les côtés, rétréci postérieurement, assez fortement cordiforme et assez convexe; le bord antérieur et la base sont un peu rugueux, mais ne paraissent pas distinctement ponctués; il a au milieu quelques rides transversales ondulées, assez distinctes; la ligne longitudinale est assez marquée dans son milieu, et ne dépasse pas les impressions transversales; l'antérieure est à peine sensible; la postérieure est assez distincte, mais n'est pas très-marquée ; le bord antérieur est coupé presque carrément ; les angles antérieurs sont obtus et nullement saillants ; les côtés sont rebordés; ils tombent carrément sur la base et forment avec elle un angle droit; la base est coupée carrément. Les élytres sont d'un blanc un peu jaunâtre; elles ont un peu au-delà du milieu une bande transversale assez large, fortement ondulée, d'un vert bronzé, et à la base une grande tache triangulaire, commune, de la même couleur, qui se réunit quelquefois à la bande transversale; ces taches sont plus ou moins distinctes, et leurs bords se fondent souvent insensiblement avec le fond de la couleur des élytres; elles sont un peu plus larges, moins allongées et plus ovales que celles du *Striatum*; elles sont striées et ponctuées à peu près de la même manière, mais les stries, surtout les extérieures, sont moins fortement marquées; la première et la huitième sont entières ; toutes les autres sont presque effacées vers l'extrémité et ne dépassent pas la bande transversale; les intervalles sont tout-à-fait planes; on voit sur le troisième deux points enfoncés placés de la même manière. Le dessous du corps est d'un vert-bronzé un peu bleuâtre. Les pattes sont entièrement d'un jaune testacé.

Il se trouve en Suède et sur les bords de l'Océan, dans le nord et dans l'ouest de la France.

56. B. Bipunctatum.

Supra æneum ; capite punctato ; thorace cordato, antice posticeque punctato, angulis posticis rectis ; elytris oblongo-ovatis, tenue striato-punctatis, striis apice obsoletis, foveolisque duabus impressis ; antennis, tibiis tarsisque nigris.

Gyllenhal. ii. p. 16. n° 4. et iv. p. 402. n° 4.
Sturm. vi. p. 144. n° 24.
Sahlberg. *Dissert. entom. ins. Fennica.* p. 192. n° 4.
Dej. *Cat.* p. 17.
Carabus Bipunctatus. Fabr. *Sys. el.* i. p. 209. n° 216.
Oliv. iii. 35. p. 112. n° 157. t. 14. fig. 163. a. b.
Sch. *Syn. ins.* i. p. 223. n° 300.
Var. A. *B. Quadripunctatum.* Dej. *Cat.* p. 17.
Var. B. *B. Nivale.* Godet.
Var. C. *B. Quadrifossulatum.* Parreyss.

Long. 1 $\frac{3}{4}$ ligne. Larg. $\frac{3}{4}$ ligne.

Il est plus petit que le *Striatum*, et sa couleur est endessus d'un bronzé ordinairement assez brillant, quelquefois plus ou moins obscur et quelquefois même presque noirâtre. La tête est à peu près comme celle du *Striatum*, mais elle est un peu moins fortement ponctuée, surtout à sa partie postérieure. Les palpes et les antennes sont entièrement d'un brun noirâtre. Le corselet est plus large que la tête, moins long que large, arrondi antérieurement sur les côtés, rétréci postérieurement, assez fortement cordiforme et assez convexe; le bord antérieur et la base sont assez distinctement ponctués, et il a quelques points enfoncés peu rapprochés les uns des autres sur les côtés, et quelques rides transversales ondulées, assez distinctes, dans son milieu; la ligne longitudinale est assez fortement marquée dans son milieu et ne dépasse pas les deux impressions transversales, qui sont assez distinctes; il a de chaque côté de la base, près des angles postérieurs, une petite impression presque arrondie et peu marquée; le bord antérieur est coupé presque carrément ; les angles antérieurs sont obtus et nullement saillants ; les côtés sont rebordés; ils tombent carrément sur la base et forment avec elle un angle droit; la base est coupée un peu obliquement sur les côtés, et presque carrément dans son milieu. Les élytres sont plus larges que le corselet, en ovale allongé et peu convexes; les stries sont fines, distinctement ponctuées, surtout vers la base, et disposées à peu près comme dans le *Striatum;* les première et huitième sont entières; les autres sont presque entièrement effacées vers l'extrémité; les intervalles sont planes; on voit sur le troisième, près de la troisième strie, deux très-gros points enfoncés, dont le fond est un peu cuivreux : le premier au tiers, et le second à peu près aux deux tiers des élytres. En-dessous la tête, le corselet et la poitrine sont d'un vert-bronzé obscur un peu bleuâtre; l'abdomen est d'un noir assez brillant. Les cuisses sont d'un vert-bronzé obscur. Les jambes et les tarses sont d'un brun-noirâtre quelquefois un peu bronzé.

Il est commun en Suède, en Finlande et dans le nord de la Russie; on le trouve aussi dans les Alpes de la Suisse et dans les Pyrénées. J'ai pris autrefois en Espagne une variété un peu plus grande, mais du reste absolument semblable, que j'avais appelée *Quadripunctatum.*

J'ai reçu de M. Godet, sous le nom de *Nivale*, un individu pris par lui près du grand Saint-Bernard, qui ne me paraît qu'une simple variété de cette espèce.

Le *B. Quadrifossulatum* de M. Parreyss, trouvé par lui dans les îles Ioniennes, me paraît aussi devoir être rapporté à cette espèce.

57. B. Tenuicolle.

Pubescens; capite thoraceque obscure æneis, punctatis; thorace angustato, subcordato, angulis posticis rectis; elytris subparallelis, testaceo-brunneis, maculis numerosis pallide flavis, striis integris, punctisque tribus impressis; antennarum basi pedibusque pallide testaceis.

Tachypus Tenuicollis. Klug.

Long. 1 $\frac{3}{4}$ ligne. Larg. $\frac{3}{4}$ ligne.

Il se rapproche beaucoup des *Lachnophorus*, mais je crois cependant qu'il appartient à ce genre. Il est plus petit que le *Striatum*, et il est couvert de poils assez longs, peu serrés, qui le font paraître pubescent. La tête et le corselet sont d'une couleur bronzée assez obscure. La tête est assez grande, triangulaire et couverte de points enfoncés très-serrés et peu marqués; elle a dans son milieu une impression longitudinale peu marquée qui se bifurque antérieurement. Les mandibules sont d'un brun roussâtre. Les palpes sont d'un jaune testacé, avec le pénultième article des maxillaires d'un brun noirâtre. Les antennes sont un peu plus courtes que la moitié du corps; leurs trois ou quatre premiers articles sont d'un jaune-testacé assez pâle; les autres sont d'un brun noirâtre. Les yeux sont noirâtres, très-gros et très-saillants, ce qui fait paraître la tête rétrécie postérieurement. Le corselet est un peu plus étroit que la tête, y compris les yeux, aussi long que large, arrondi sur les côtés antérieurement, un peu rétréci postérieurement, presque cordiforme et assez convexe; il est entièrement couvert de petits points enfoncés très-serrés et moins distincts que ceux de la tête; la ligne longitudinale du milieu est très-fortement marquée et ne dépasse guère les deux impressions transversales, qui sont toutes les deux peu distinctes; le bord antérieur est coupé presque carrément; les angles antérieurs sont obtus et presque arrondis; les côtés sont très-légèrement rebordés; ils tombent carrément sur la base et forment avec elle un angle droit; la base est coupée carrément. Les élytres sont le double plus larges que le corselet, très-légèrement ovales, presque parallèles, peu convexes et d'un brun-roussâtre assez clair; elles ont une assez grande quantité de petites taches peu distinctes, d'un jaune pâle, disposées sans ordre, qui forment presque une bande transversale irrégulière, vers l'extrémité; les stries sont entières et fortement marquées, surtout vers l'extrémité; les troisième et quatrième, sixième et septième se réunissent deux à deux et ne vont pas tout-à-fait jusqu'à l'extrémité; les intervalles, vus avec une forte loupe, paraissent couverts de points enfoncés à peine distincts; on voit sur le troisième trois points enfoncés assez gros et fortement marqués: le premier, qui en occupe toute la largeur, à peu près au quart des élytres; le second près de la seconde strie, au milieu, et le troisième également près de la seconde strie, à peu près aux trois quarts. Le dessous du corps est noir. Les pattes sont entièrement d'un jaune-testacé assez pâle.

Il se trouve dans les parties méridionales du Brésil, et il m'a été envoyé par M. Schüppel, sous le nom de *Tachypus Tenuicollis* de Klug.

SEPTIÈME DIVISION.

Peryphus. *Megerle.*

58. B. Eques.

Supra viridi-cyaneum; thorace cordato, postice utrinque foveolato, angulis posticis rectis; elytris oblongo-ovatis, basi rufis, striato-punctatis, punctisque duobus impressis; tibiis tarsisque rufo-testaceis.

STURM. VI. p. 114. n° 4. T. 155. fig. a. A.
Peryphus Eques. DEJ. *Cat.* p. 17.

Long. 3 ½, 4 lignes. Larg. 1 ⅓, 1 ⅔ ligne.

Il ressemble beaucoup au *Tricolor*, mais il est beaucoup plus grand. La tête et le corselet sont à peu près de la même forme et de la même couleur. Les premiers articles des antennes sont entièrement d'un brun noirâtre. Les élytres ont à peu près la même forme et sont striées et ponctuées de la même manière; la couleur de la partie postérieure est ordinairement un peu plus verdâtre et ne diffère pas de celle de la tête et du corselet; elle se prolonge sur la suture jusqu'à l'écusson, de sorte qu'il paraît y avoir à la base une grande tache testacée distincte sur chaque élytre; le bord inférieur à peu près jusqu'au milieu est de la couleur de la base, tandis qu'il est entièrement de la couleur de la partie postérieure dans le *Tricolor*. Le dessous du corps et les pattes sont à peu près comme dans le *Tricolor*.

Il est assez commun dans le département des Basses-Alpes; on le trouve aussi en Espagne, en Suisse et dans les parties de l'Allemagne qui en sont voisines. Sturm dit que M. Dahl l'a pris en Carinthie.

59. B. TRICOLOR.

Capite thoraceque viridi-cyaneis; thorace cordato, postice utrinque foveolato, angulis posticis rectis; elytris oblongo-ovatis, basi rufis, postice nigro-cyaneis, striato-punctatis, punctisque duobus impressis; antennarum basi, tibiis tarsisque rufo-testaceis.

STURM. VI. p. 136. n° 19. T. 158. fig. c. C.
Carabus Tricolor. FABR. *Sys. el.* I. p. 185. n° 81.
Elaphrus Tricolor. DUFTSCHMID. II. p. 208. n° 22.
Peryphus Tricolor. DEJ. *Cat.* p. 17.
Carabus Varicolor. SCH. *Syn. ins.* I. p. 189. n° 110.

Long. 2 $\frac{1}{2}$ lignes. Larg. 1 ligne.

Il est un peu plus petit que le *Rupestre*. La tête et le corselet sont entièrement d'un vert-bleuâtre assez brillant et quelquefois un peu bronzé. La tête est assez grande, presque triangulaire, et elle a de chaque côté, entre les antennes, une impression longitudinale assez fortement marquée. La lèvre supérieure est d'un brun noirâtre. Les mandibules sont d'un brun roussâtre. Les palpes sont aussi d'un brun roussâtre, avec le pénultième article des maxillaires d'un brun noirâtre. Les antennes sont à peu près de la longueur de la moitié du corps; le premier article et la base des trois suivants sont d'un jaune-testacé un peu rougeâtre; les autres sont d'un brun noirâtre. Les yeux sont noirâtres, assez gros et assez saillants, ce qui fait paraître la tête rétrécie postérieurement. Le corselet est plus large que la tête, un peu moins long que large, arrondi antérieurement sur les côtés, rétréci postérieurement, assez fortement cordiforme et peu convexe; la ligne longitudinale du milieu est assez marquée et ne dépasse pas les impressions transversales ; l'antérieure est peu distincte ; la postérieure est assez fortement marquée; toute la base est couverte de points enfoncés et de rides irrégulières qui se confondent et qui la font paraître un peu rugueuse; il a de chaque côté de la base une impression oblongue assez fortement marquée, dont le fond est un peu rugueux; le bord antérieur est très-légèrement échancré; les angles antérieurs sont presque arrondis; les côtés sont rebordés; ils tombent carrément sur la base et forment avec elle un angle droit; la base est coupée carrément. L'écusson est triangulaire et de la couleur du corselet. Les élytres sont plus larges que le corselet, assez allongées, légèrement ovales, presque parallèles, presque planes et d'un bleu-foncé assez brillant, quelquefois un peu verdâtre, avec toute la base d'une couleur testacée un peu rougeâtre, qui se prolonge souvent jusqu'à la moitié, et qui quelquefois ne dépasse pas le tiers de leur longueur; le bord inférieur est entièrement de la couleur de la partie postérieure des élytres; les stries sont fines, assez marquées et bien distinctement ponctuées, surtout vers la base; leur extrémité paraît lisse et beaucoup moins marquée; la septième est presque entièrement effacée; on distingue cependant que les troisième et quatrième, sixième et septième ne vont pas jusqu'à l'extrémité et se réunissent deux à deux; l'extrémité de la cinquième est assez fortement marquée; les intervalles sont planes; on voit sur le troisième, près de la troisième strie, deux points enfoncés bien distincts : le premier un peu avant le milieu, et le second à peu près aux trois quarts des élytres. Le dessous du corps est noir. Les cuisses sont d'un noir quelquefois un peu brunâtre; leur extrémité, les jambes et les tarses sont d'un jaune-testacé un peu rougeâtre.

Il se trouve communément dans le midi de la France, en Espagne et en Autriche.

60. B. Scapulare. *Mihi.*

Supra viridi-æneum; thorace subangustato, cordato, postice utrinque foveolato, angulis posticis rectis; elytris oblongis, striato-punctatis, macula magna humerali rufa, punctisque duobus impressis; antennarum basi, tibiis tarsisque rufo-testaceis.

Long. 2 ½ lignes. Larg. 1 ligne.

Il ressemble beaucoup au *Tricolor;* il est à peu près de la même grandeur, mais il est un peu plus allongé, plus étroit, et sa couleur est en-dessus un peu plus verte, plus bronzée et moins bleuâtre. Le corselet est un peu plus long, plus étroit et plus convexe. Les élytres sont un peu plus allongées, plus étroites, moins ovales, plus parallèles et un peu moins planes; elles ont chacune à leur base une grande tache d'une couleur testacée un peu rougeâtre, qui ne dépasse guère le tiers des élytres, et qui ne va pas tout-à-fait jusqu'à la suture, ni jusqu'au bord extérieur; elles sont striées et ponctuées à peu près de la même manière; cependant les stries sont un peu plus fortement marquées et plus fortement ponctuées vers la base, et le premier point enfoncé du troisième intervalle est placé un peu plus haut. Le dessous du corps, les antennes et les pattes sont à peu près comme dans le *Tricolor.*

Il se trouve dans le midi de la France.

61. B. CONFORME. *Mihi.*

Supra viridi-æneum; thorace subcordato, postice utrinque foveolato, angulis posticis rectis; elytris oblongo-ovatis, striato-punctatis, macula magna humerali rufa, punctisque duobus impressis; antennarum basi, tibiis tarsisque rufo-testaceis.

Long. 2 ½ lignes. Larg. 1 ligne.

Il ressemble aussi beaucoup au *Tricolor;* il est à peu près de la même forme et de la même grandeur, mais sa couleur est un peu plus verte, plus bronzée et moins bleuâtre. Le corselet est un peu plus court, plus large, moins rétréci postérieurement et moins cordiforme. Les élytres ont à peu près la même forme; elles ont chacune à leur base une grande tache d'une couleur testacée un peu rougeâtre, qui ne dépasse guère le tiers des élytres, et qui ne va pas tout-à-fait jusqu'à la suture, ni jusqu'au bord extérieur; elles sont striées et ponctuées à peu près de la même manière. Le dessous du corps, les antennes et les pattes sont à peu près comme dans le *Tricolor.*

Il se trouve dans le midi de la France.

62. B. MODESTUM.

Supra nigro-æneum; thorace oblongo, subcordato, postice utrinque foveolato, angulis posticis rectis; elytris oblongis, profunde striato-punctatis, macula transversa communi postica rufa, punctisque duobus impressis; antennarum basi, pedibusque rufo-testaceis.

STURM. VI. p. 138. n° 20. T. 158. fig. d. D.
Carabus Modestus. FABR. *Sys. el.* I. p. 185. n° 82.
SCH. *Syn. ins.* I. p. 221. n° 290.
Elaphrus Modestus. DUFTSCHMID. II. p. 208. n° 23.
Peryphus Modestus. DEJ. *Cat.* p. 17.

Long. 2 lignes. Larg. ¾ ligne.

Il est un peu plus petit que le *Tricolor*, proportionnellement plus étroit, et sa couleur est en-dessus d'un bronzé un peu verdâtre très-obscur et souvent presque noirâtre. La tête est assez allongée et presque triangulaire; elle a de chaque côté, entre les antennes, une impression longitudinale assez fortement marquée, dont le fond est un peu rugueux, et dans son milieu quelques points enfoncés peu distincts. Les mandibules sont d'un brun roussâtre. Les palpes sont d'un brun noirâtre. Les antennes sont à peu près de la longueur de la moitié du corps, d'un brun noirâtre, avec le premier article et la base des trois suivants d'un rouge testacé. Les yeux sont noirâtres, assez gros et assez saillants, ce qui fait paraître la tête rétrécie postérieurement. Le corselet est un peu plus large que la tête, assez allongé, aussi long que large, peu arrondi antérieurement sur les côtés, un peu rétréci postérieurement, légèrement cordiforme et peu convexe; il a quelques rides transversales ondulées, à peine distinctes; la ligne longitudinale du milieu est fortement marquée, et ne dépasse pas les deux impressions transversales; l'antérieure est en arc de cercle, et, quoique assez distincte, moins marquée que la postérieure; il a de chaque côté de la base une impression oblongue assez fortement marquée; le fond de cette impression et toute la base sont couverts de points enfoncés qui se confondent et qui les font paraître un peu rugueux; le bord antérieur est très-légèrement échancré; les angles antérieurs sont presque arrondis;

les côtés sont rebordés; ils tombent carrément sur la base et forment avec elle un angle droit; la base est coupée presque carrément. Les élytres sont plus larges que le corselet, allongées, légèrement ovales, presque parallèles et presque planes; elles ont vers l'extrémité une bande transversale d'un rouge un peu testacé, commune aux deux élytres, plus ou moins large, et qui ne va pas tout-à-fait jusqu'au bord extérieur; les stries sont disposées à peu près comme celles du *Tricolor;* elles sont assez fortement marquées et très-fortement ponctuées, surtout vers la base, lisses et presque effacées vers l'extrémité; les intervalles sont presque planes; on voit sur le troisième, près de la troisième strie, deux points enfoncés bien distincts : le premier à peu près au tiers, et le second aux deux tiers des élytres. Le dessous du corps est d'un noir un peu verdâtre. Les pattes sont d'un rouge testacé, avec la base des cuisses souvent d'un brun noirâtre.

Il est commun en Autriche, principalement sur les bords du Danube; on le trouve aussi en Allemagne, en Suisse et dans les parties orientales de la France.

63. B. Ustum.

Supra viridi-æneum; thorace cordato, antice rotundato, postice coarctato, utrinque foveolato, angulis posticis rectis; elytris oblongo-ovatis, striato-punctatis, macula apicali communi lunata testacea, punctisque duobus impressis; antennis rufo-testaceis; pedibus pallide testaceis.

Carabus Ustus. Sch. *Syn. ins.* I. p. 221. n° 289.
Peryphus Ustus. Dej. *Cat.* p. 17.

Long. 3 lignes. Larg. 1 $\frac{1}{3}$ ligne.

Il ressemble beaucoup au *Lunatum*, mais il est un peu plus grand. Les antennes sont entièrement d'un jaune-testacé un peu rougeâtre. La ligne longitudinale du corselet est un peu moins fortement marquée. Les élytres ont la même forme, et sont striées et ponctuées à peu près de la même manière; mais la tache testacée est plus grande et se prolonge jusqu'au bord extérieur et jusqu'à l'extrémité. Le dessous du corps et les pattes sont à peu près comme dans le *Lunatum*.

Il se trouve dans les provinces méridionales de la Russie.

64. B. LUNATUM. *Andersch.*

Supra viridi-æneum; thorace cordato, antice rotundato, postice coarctato, utrinque foveolato, angulis posticis rectis; elytris oblongo-ovatis, striato-punctatis, macula postica communi lunata testacea, punctisque duobus impressis; antennarum basi pedibusque pallide testaceis.

GYLLENHAL. IV. p. 405. n° 6-7.
STURM. VI. p. 119. n° 7. T. 155. fig. c. C.
Elaphrus Lunatus. DUFTSCHMID. II. p. 211. n° 27.
Peryphus Lunatus. DEJ. *Cat.* p. 17.

Long. 2 $\frac{3}{4}$ lignes. Larg. 1 $\frac{1}{4}$ ligne.

Il est un peu plus grand que le *Rupestre*, proportionnellement un peu plus large, et sa couleur est en-dessus d'un vert-bronzé assez clair et assez brillant. La tête est peu allongée, presque triangulaire, et elle a de chaque côté, entre les antennes, une impression longitudinale fortement marquée. Les mandibules sont d'un brun roussâtre. Les palpes sont d'un jaune-testacé assez pâle. Les trois premiers articles des antennes et la base du quatrième sont de la même couleur; les autres sont d'un brun-obscur un peu roussâtre. Les yeux sont noirâtres, assez gros et assez saillants. Le corselet est plus large que la tête, moins long que large, assez court, très-arrondi sur les côtés antérieurement, fortement rétréci postérieurement, cordiforme et assez convexe; il a quelques rides transversales ondulées, à peine distinctes; la ligne longitudinale du milieu est assez marquée et ne dépasse pas les impressions transversales; l'antérieure est en arc de cercle et peu distincte; la postérieure est fortement marquée; il a de chaque côté de la base une impression presque arrondie et fortement marquée; le fond de cette impression et toute la base sont couverts de points enfoncés qui se confondent et qui les font paraître un peu rugueux; le bord antérieur est très-légèrement échancré; les angles antérieurs sont obtus et presque arrondis; les côtés sont rebordés; ils tombent carrément sur la base et forment avec elle un angle droit; la base est coupée carrément. Les élytres sont plus larges que le corselet, en ovale allongé et assez convexes; elles ont vers l'extrémité une tache d'un jaune-testacé un peu rougeâtre, commune aux deux élytres, presque en forme de croissant et qui ne s'étend ni jusqu'au bord extérieur, ni jusqu'à l'extrémité; les stries sont un peu plus fortement marquées, un peu plus fortement ponctuées que celles du *Rupestre* et disposées de la même manière; on voit sur le troisième intervalle deux points enfoncés placés comme dans le *Rupestre*. Le dessous du corps est d'un noir un peu brunâtre. Les pattes sont entièrement d'un jaune-testacé assez pâle.

Il se trouve assez communément en Autriche et quelquefois en Suède.

65. B. Infuscatum. *Mihi.*

Supra obscure æneum; thorace cordato, antice subrotundato, postice coarctato, utrinque foveolato, angulis posticis rectis; elytris oblongo-ovatis, striato-punctatis, macula apicali communi lunata obsoleta pallide testacea, punctisque duobus impressis; antennarum basi, tibiis tarsisque testaceis; femoribus piceis.

Long. 2 $\frac{2}{3}$ lignes. Larg. 1 ligne.

Il ressemble beaucoup au *Lunatum*; mais il est un peu plus

petit, proportionnellement un peu moins large, et sa couleur est en-dessus d'un bronzé assez obscur. La tête est un peu moins large que celle du *Lunatum*. Les palpes sont d'un brun roussâtre, avec le pénultième article des maxillaires d'un brun noirâtre. Le premier article des antennes et la base des deux suivants sont d'une couleur testacée un peu rougeâtre; les autres sont d'un brun obscur. Le corselet est un peu moins large et un peu moins arrondi sur les côtés antérieurement; la base paraît un peu plus rugueuse. Les élytres sont un peu moins larges et un peu moins ovales; la tache de l'extrémité est à peu près comme dans l'*Ustum*, mais elle est beaucoup moins distincte et elle se fond insensiblement avec la couleur des élytres; les stries sont disposées à peu près de la même manière, mais elles sont moins marquées et moins fortement ponctuées; il y a de même deux points enfoncés sur le troisième intervalle. Le dessous du corps est d'un noir un peu brunâtre. Les cuisses sont d'un brun noirâtre, avec la base et l'extrémité un peu plus claires. Les jambes et les tarses sont d'un jaune testacé.

Il se trouve en Sibérie, et il m'a été envoyé par M. Gebler.

66. B. Transversale. *Mihi.*

Capite thoraceque viridi-æneis; thorace subquadrato, postice subangustato, utrinque foveolato, angulis posticis rectis; elytris oblongo-ovatis, testaceis, striato-punctatis, fascia lata sinuata viridi-ænea, punctisque duobus impressis; antennarum basi pedibusque testaceis.

Long. 3 lignes. Larg. 1 ¼ ligne.

Il ressemble au *Rupestre*, mais il est plus grand. La tête et le corselet sont d'un vert-bronzé plus clair et plus brillant. La tête est à peu près comme celle du *Rupestre*. Le corselet est plus large que la tête, moins long que large, assez court, presque carré, légèrement arrondi antérieurement sur les côtés, peu rétréci postérieurement et presque plane; il a quelques rides transversales ondulées, à peine distinctes; la ligne longitudinale est assez marquée et ne dépasse guère les deux impressions transversales; l'antérieure est en arc de cercle, assez distincte et très-rapprochée du bord antérieur; la postérieure est assez fortement marquée et forme un angle sur la ligne du milieu; il a de chaque côté de la base une petite impression oblongue peu marquée, dont le fond est un peu rugueux; le bord antérieur est assez échancré; les angles antérieurs sont obtus et presque arrondis; les côtés sont fortement rebordés; ils tombent carrément sur la base et forment avec elle un angle droit; la base est coupée presque carrément. Les élytres sont un peu plus planes que celles du *Rupestre;* les taches sont d'une couleur plus jaune et plus pâle; elles sont plus grandes et se réunissent deux à deux, de sorte que les élytres paraissent d'un jaune testacé, avec une bande transversale d'un vert bronzé, assez large, un peu sinuée et qui se prolonge un peu des deux côtés sur la suture; elles sont striées et ponctuées à peu près de la même manière. Le dessous du corps et les pattes sont comme dans le *Rupestre.*

Il se trouve dans l'Amérique septentrionale; je ne possède qu'un individu de cette espèce; il m'a été envoyé par M. Leconte, comme venant du territoire du nord-ouest.

67. B. Rupestre.

Supra obscure viridi-æneum; thorace cordato, convexo, antice subrotundato, postice subcoarctato, utrinque foveolato, angulis posticis rectis; elytris oblongo-ovatis, striato-punctatis, maculis magnis duabus obscure rufo-testaceis, punctisque duobus impressis; antennarum basi pedibusque testaceis.

Gyllenhal. II. p. 19. n° 7. et IV. p. 405. n° 7.
Sturm. VI. p. 115. n° 5.
Sahlberg. *Dissert. entom. ins. Fennica.* p. 193. n° 10.
Elaphrus Rupestris. Fabr. *Sys. el.* I. p. 246. n° 9.

DUFTSCHMID. II. p. 212. n° 28.

Carabus Rupestris. SCH. *Syn. ins.* I. p. 222. n° 296.

Peryphus Rupestris. DEJ. *Cat.* p. 17.

Carabus Littoralis. OLIV. III. 35. p. 110. n° 153. T. 9. fig. 103. a. b. et T. 14. fig. 103. c. d.

Le Bupreste quadrille à corcelet rond et étuis striés. GEOFF. I. p. 151. n° 20.

Long. 2 $\frac{2}{3}$ lignes. Larg. 1 ligne.

Sa couleur est en-dessus d'un vert-bronzé ordinairement assez obscur. La tête est peu allongée, presque triangulaire, et elle a de chaque côté, entre les antennes, une impression longitudinale assez fortement marquée. La lèvre supérieure est d'un brun noirâtre. Les mandibules sont d'un brun roussâtre. Les palpes sont d'un jaune testacé, avec l'extrémité du pénultième article des maxillaires d'un brun noirâtre. Les antennes sont à peu près de la longueur de la moitié du corps; leurs deux premiers articles et la base des trois suivants sont d'un jaune testacé; le reste est d'un brun-obscur souvent un peu roussâtre. Les yeux sont noirâtres, assez gros et assez saillants. Le corselet est plus large que la tête, moins long que large, assez court, arrondi sur les côtés antérieurement, assez fortement rétréci postérieurement, cordiforme et assez convexe; il a quelques rides transversales ondulées, à peine distinctes; la ligne longitudinale du milieu est assez fortement marquée; l'impression transversale antérieure est en arc de cercle et peu distincte; la postérieure est assez fortement marquée; il a de chaque côté de la base une impression presque arrondie et assez profonde; le fond de cette impression et toute la base sont couverts de points enfoncés assez serrés, souvent réunis et qui les font paraître un peu rugueux; le bord antérieur est légèrement échancré; les angles antérieurs sont obtus; les côtés sont assez fortement rebordés; ils tombent carrément sur la base et forment avec elle un angle droit; la base est coupée carrément. Les élytres sont plus larges que le corselet, en ovale allongé et assez convexes; elles ont chacune deux grandes taches d'une couleur testacée un peu rougeâtre et assez obscure : la première, à l'angle de la base, ne dépasse pas ordinairement la troisième strie, et ne descend pas jusqu'au milieu des élytres ; la seconde, vers l'extrémité, est oblongue, placée obliquement, et se réunit presque à la première sur le bord extérieur; quelquefois ces taches sont plus grandes, et les élytres paraissent alors d'une couleur testacée, avec une large suture et une bande transversale d'un vert bronzé ; elles ont chacune neuf stries, et le commencement d'une dixième à la base, près de l'écusson ; ces stries sont fortement ponctuées, surtout vers la base, et presque lisses vers l'extrémité ; les trois premières dans presque toute leur longueur, et la base des quatrième, cinquième et sixième sont assez fortement marquées ; le reste de ces dernières et la septième sont très-peu marquées et presque entièrement effacées, à l'exception toutefois de l'extrémité de la cinquième, qui est assez fortement marquée; on distingue cependant que les troisième et quatrième, sixième et septième ne vont pas jusqu'à l'extrémité et se réunissent deux à deux; les intervalles sont un peu relevés vers la suture et vers la base, et presque planes vers le bord extérieur et vers l'extrémité ; on voit sur le troisième, près de la troisième strie, deux points enfoncés bien distincts : le premier au tiers des élytres, et le second à peu près aux deux tiers. Le dessous du corps est d'un noir un peu brunâtre. Les pattes sont d'un jaune testacé.

Il est très-commun dans toute la France; on le trouve aussi en Suède, en Angleterre, en Allemagne, en Autriche et en Dalmatie. M. Leconte m'a envoyé plusieurs individus venant de l'Amérique septentrionale, qui ne me paraissent pas différer de cette espèce.

68. B. Fluviatile.

Supra viridi-æneum; thorace angustato, cordato, postice utrinque foveolato, angulis posticis rectis; elytris oblongis, striato-

punctatis, maculis magnis duabus rufo-testaceis, punctisque duobus impressis; antennarum basi pedibusque testaceis.

Peryphus Fluviatilis. Dej. *Cat.* p. 17.

Long. 2 ¾ lignes. Larg. 1 ligne.

Il est un peu plus grand que le *Rupestre*, proportionnellement plus allongé, et sa couleur est en-dessus d'un vert-bronzé plus clair et plus brillant. La tête est plus petite et un peu plus allongée. Le corselet est beaucoup plus étroit, presque aussi long que large et beaucoup moins arrondi sur les côtés antérieurement; la ligne longitudinale du milieu est moins fortement marquée; l'impression de chaque côté de la base est moins grande et moins profonde; le bord extérieur est coupé presque carrément; les angles antérieurs sont presque arrondis; les postérieurs et la base sont coupés un peu moins carrément. Les élytres sont un peu plus étroites et plus allongées; les taches sont d'une couleur un peu plus claire, surtout la seconde; elles sont ordinairement un peu plus grandes, et la première s'étend jusqu'à la seconde strie; elles sont striées et ponctuées à peu près de la même manière, mais les stries sont un peu moins marquées et un peu moins fortement ponctuées. Le dessous du corps, les pattes et les antennes sont à peu près comme dans le *Rupestre*.

Il se trouve communément aux environs de Paris, sur les bords de la Seine; j'en ai pris un individu en Espagne et un autre en Autriche.

69. B. Cruciatum.

Supra viridi-æneum; thorace cordato, postice utrinque foveolato, angulis posticis rectis; elytris oblongo-ovatis, striato-punctatis, maculis magnis duabus testaceis, punctisque duobus impressis; antennarum basi pedibusque pallide testaceis.

Peryphus Cruciatus. DEJ. *Cat.* p. 17.
B. Rupestre. var. GYLLENHAL.
Peryphus Rupestris. STÉVEN. GEBLER.
B. Signatum. STURM. *Catal.* p. 100.

Long. 2, 2 $\frac{2}{3}$ lignes. Larg. $\frac{3}{4}$, 1 ligne.

Il ressemble beaucoup au *Rupestre*, et il a été confondu avec lui par presque tous les entomologistes. Il est ordinairement un peu plus petit, et sa couleur est en-dessus d'un vert-bronzé un peu plus clair et un peu plus brillant. La tête est à peu près comme celle du *Rupestre*. La base des antennes est d'une couleur testacée plus pâle. Le corselet est moins large et moins arrondi antérieurement, rétréci moins brusquement postérieurement, moins convexe et presque plane; la ligne longitudinale du milieu et l'impression transversale postérieure sont moins fortement marquées; l'impression de chaque côté de la base est moins profonde, moins large et un peu plus allongée; le fond de cette impression et toute la base sont un peu moins fortement ponctués; les côtés sont un peu plus fortement rebordés. Les élytres ont à peu près la même forme, mais elles sont moins convexes et presque planes; les taches sont d'une couleur testacée plus jaune et plus pâle; elles sont ordinairement plus grandes, et souvent même les élytres paraissent d'une couleur testacée, avec une tache triangulaire à la base, la suture et une bande transversale d'un vert bronzé; les stries sont disposées à peu près de la même manière, mais un peu moins marquées et un peu moins fortement ponctuées; tous les intervalles paraissent planes; on voit sur le troisième deux points enfoncés disposés comme dans le *Rupestre*. Les pattes sont d'un jaune-testacé un peu plus pâle.

Il est très-commun dans le midi de la France et en Espagne; on le trouve aussi, mais moins communément, dans le nord de la France, en Suède, en Allemagne, en Autriche, en Russie, en Sibérie et jusqu'au Kamtschatka.

Je l'ai reçu de MM. Stéven et Gebler sous le nom de *Pery-*

phus Rupestris, et de M. Gyllenhal comme une variété de cette espèce. M. Sturm me l'a envoyé comme le *Signatum* de son Catalogue.

70. B. Hispanicum.

Capite thoraceque viridi-æneis; thorace cordato, postice utrinque foveolato, angulis posticis rectis; elytris oblongo-ovatis, rufo-testaceis, striato-punctatis, fascia sinuata postica fusco-ænea, punctisque duobus impressis; antennarum basi pedibusque pallide testaceis.

Peryphus Hispanicus. Dej. *Cat.* p. 17.

Long. 2 $\frac{1}{4}$ lignes. Larg. $\frac{3}{4}$ ligne.

Il ressemble beaucoup au *Cruciatum*, et il est à peu près de la même grandeur. La tête et le corselet sont à peu près de la même couleur. Le corselet est un peu plus convexe, un peu plus arrondi antérieurement sur les côtés, un peu plus rétréci brusquement postérieurement, mais pas autant cependant que dans le *Rupestre*. Les élytres ont à peu près la même forme; les taches sont plus grandes et réunies deux à deux, de sorte que les élytres paraissent d'un jaune-testacé un peu rougeâtre, avec une bande transversale sinuée, d'un brun-obscur légèrement bronzé, placée à peu près aux trois quarts de leur longueur; la partie au-delà de cette bande est d'une couleur testacée un peu plus pâle, et l'on voit ordinairement une légère teinte bronzée à la base, autour de l'écusson; elles sont striées et ponctuées à peu près de la même manière. Le dessous du corps et les pattes sont à peu près comme dans le *Cruciatum*.

Je l'ai pris communément en Espagne; on le trouve aussi quelquefois dans le midi de la France.

71. B. Femoratum.

Supra nigro-æneum; thorace cordato, postice utrinque foveo-

lato, angulis posticis rectis ; elytris oblongo-ovatis, tenue striato-punctatis, maculis magnis duabus testaceis, punctisque duobus impressis; antennarum basi, tibiis tarsisque testaceis ; femoribus piceis.

GYLLENHAL. IV. p. 406. n° 7-8.
STURM. VI. p. 117. n° 6. T. 155. fig. b. B.
SAHLBERG. *Dissert. entom. ins. Fennica.* p. 194. n° 11.
Peryphus Femoratus. DEJ. *Cat.* p. 17.
Carabus Ustulatus. OLIV. III. 35. p. 109. n° 152. T. 9. fig. 104. a. b.
B. Albosignatum. STURM.
Le Bupreste quadrille à corcelet plat et noir et étuis striés. GEOFF. I. p. 152. n° 23.

Long. 2 lignes. Larg. $\frac{3}{4}$ ligne.

Il est ordinairement plus petit que le *Cruciatum*, et sa couleur est en-dessus d'un bronzé-obscur presque noirâtre. La tête et le corselet sont à peu près comme dans le *Cruciatum*. Les palpes sont d'un brun roussâtre, avec les deux derniers articles des maxillaires d'un brun noirâtre. La base des antennes est d'une couleur testacée moins pâle et un peu rougeâtre. Les élytres ont à peu près la même forme; les taches sont d'une couleur aussi claire, mais moins rouge, moins jaune et un peu plus brune; elles sont striées et ponctuées à peu près de la même manière, mais les stries sont moins fortement marquées. Le dessous du corps est d'un noir un peu verdâtre. Les cuisses sont d'un brun obscur; leur extrémité, les jambes et les tarses sont d'un jaune testacé.

Il est très-commun aux environs de Paris et dans presque toute la France, sous les pierres, dans les endroits humides; on le trouve aussi en Espagne, en Angleterre, en Suède, en Finlande, en Allemagne, en Autriche et en Russie.

M. Sturm m'a envoyé sous le nom d'*Albosignatum* un individu récemment transformé, qui me paraît devoir appartenir à cette espèce.

72. B. Obsoletum.

Capite thoraceque viridi-æneis; thorace cordato, convexo, postice utrinque foveolato, angulis posticis rectis; elytris oblongo-ovatis, rufo-testaceis, striato-punctatis, sutura fasciaque sinuata postica viridi-æneis obsoletis, punctisque duobus impressis; antennarum basi pedibusque pallide testaceis.

Peryphus Obsoletus. Dej. *Cat.* p. 17.
Peryphus Prudens. Ziegler.

Long. 2, 2 ½ lignes. Larg. ¾, 1 ligne.

Il est ordinairement plus petit que le *Rupestre*. La tête et le corselet sont d'un vert-bronzé plus clair et plus brillant. La tête est un peu plus petite que celle du *Rupestre*. Le corselet est plus étroit et un peu moins arrondi sur les côtés antérieurement et tout aussi convexe; la ligne longitudinale du milieu est un peu plus marquée; l'impression transversale antérieure est encore moins distincte; l'impression que l'on voit de chaque côté de la base est moins large et plus oblongue; le bord antérieur est coupé plus carrément, et les angles antérieurs sont presque arrondis. Les élytres sont un peu moins larges, un peu moins ovales et presque aussi convexes; elles paraissent presque entièrement d'un jaune-testacé un peu rougeâtre, et l'on distingue seulement un léger reflet d'un vert bronzé, qui forme une bande transversale sinuée, à peine distincte, vers les deux tiers des élytres, et qui remonte sur la suture jusqu'à la base; elles sont striées et ponctuées à peu près de la même manière, mais les stries sont un peu moins marquées. Le dessous du corps est d'un noir un peu brunâtre. Les pattes et la base des antennes sont d'une couleur testacée un peu plus pâle.

Je l'ai trouvé communément en Autriche et en Styrie; j'ai reçu de M. Beaudet-Lafarge deux individus, venant du département du Puy-de-Dôme, qui me paraissent appartenir à cette espèce.

73. B. Saxatile.

Supra obscure viridi-æneum; thorace cordato, postice utrinque foveolato, angulis posticis rectis; elytris elongato-oblongis, striato-punctatis, maculis duabus rufo-testaceis, punctisque duobus impressis; antennarum basi pedibusque testaceis.

Gyllenhal. iv. p. 406. n° 7-8.
Sahlberg. *Dissert. entom. ins. Fennica.* p. 194. n° 12.
Peryphus Saxatilis. Dej. *Cat.* p. 17.
B. Rupestre. var. b. Gyllenhal. ii. p. 19. n° 7.

Long. 2 ¼ lignes. Larg. ¾ ligne.

Il est à peu près de la couleur du *Rupestre*, mais il est plus petit et proportionnellement beaucoup plus étroit et plus allongé. La tête et les antennes sont à peu près comme celles du *Rupestre*. Les palpes sont d'un brun roussâtre, avec les deux derniers articles des maxillaires d'un brun noirâtre. Le corselet est à peu près comme celui du *Cruciatum*, mais il est un peu plus fortement cordiforme et un peu plus plane; la ligne longitudinale du milieu est plus marquée, et l'impression de chaque côté de la base est moins large et plus oblongue. Les élytres sont plus étroites, plus allongées, plus parallèles et moins ovales que celles du *Cruciatum*; les deux taches sont ordinairement plus petites et d'une couleur testacée un peu rougeâtre; elles sont striées et ponctuées à peu près de la même manière, mais toutes les stries sont bien distinctes dans toute leur longueur. Le dessous du corps est d'un noir un peu brunâtre. Les pattes sont d'un jaune testacé.

Il se trouve communément en Suède, en Finlande et dans le nord de la Russie.

74. B. Oblongum. *Mihi.*

Supra viridi-æneum; thorace subangustato, cordato, postice utrinque foveolato, angulis posticis rectis; elytris oblongis, striato-punctatis, maculis duabus rufo-testaceis, punctisque duobus impressis; antennarum basi, tibiis tarsisque testaceis; femoribus nigro-piceis.

Long. 2 ¼ lignes, Larg. ¾ ligne.

Il ressemble beaucoup au *Fluviatile* par la forme et la couleur, mais il est un peu plus petit. La tête et les antennes sont à peu près comme dans le *Fluviatile*. Les palpes sont d'un brun roussâtre, avec les deux derniers articles des maxillaires d'un brun noirâtre. Le corselet est un peu moins étroit et un peu plus arrondi antérieurement sur les côtés. Les élytres sont moins convexes et presque planes; les deux taches testacées sont plus petites; elles sont striées et ponctuées à peu près de la même manière; les intervalles sont plus planes; le premier point enfoncé que l'on voit sur le troisième est placé un peu avant le milieu, et le second à peu près aux trois quarts des élytres. Le dessous du corps et les cuisses sont d'un brun noirâtre; l'extrémité de ces dernières, les jambes et les tarses sont d'un jaune testacé.

Il se trouve dans le midi de la France.

75. B. Præustum.

Capite thoraceque viridi-æneis; thorace cordato, postice utrinque foveolato, angulis posticis rectis; elytris oblongo-ovatis, rufo-testaceis, apice fusco-æneis, striato-punctatis, punctisque duobus impressis; antennis pedibusque pallide testaceis.

Peryphus Præustus. Dej. *Cat.* p. 17.

Long. 2 ⅓ lignes. Larg. ¾ ligne.

Il est à peu près de la grandeur du *Cruciatum*, mais il est un peu plus allongé. La tête et le corselet sont en-dessus d'un vert-bronzé assez brillant. La tête est assez allongée, presque triangulaire, et elle a de chaque côté, entre les antennes, une impression longitudinale bien marquée, dont le fond est un peu rugueux. La lèvre supérieure est d'un brun noirâtre. Les mandibules sont d'un brun un peu roussâtre. Les palpes et les antennes sont entièrement d'un jaune-testacé assez pâle. Les yeux sont noirâtres, assez gros et assez saillants. Le corselet est plus large que la tête, moins long que large, arrondi antérieurement sur les côtés, rétréci postérieurement, assez fortement cordiforme et presque plane; il a quelques rides transversales ondulées, à peine distinctes; la ligne longitudinale du milieu est assez fortement marquée; l'impression transversale antérieure est peu distincte; la postérieure est bien marquée; il a de chaque côté de la base une impression presque arrondie, assez grande et assez profonde; le fond de cette impression et toute la base sont couverts de petits points enfoncés qui se confondent et qui les font paraître un peu rugueux; le bord antérieur est légèrement échancré; les angles antérieurs sont presque arrondis; les côtés sont fortement rebordés et un peu déprimés; ils tombent carrément sur la base et forment avec elle un angle droit; la base est coupée carrément. L'écusson est triangulaire et de la couleur du corselet. Les élytres sont plus larges que ce dernier, en ovale assez allongé, presque planes et d'une couleur testacée un peu rougeâtre; leur extrémité est d'un brun-obscur très-légèrement bronzé, et quelquefois elles ont en outre à la base, vers la suture, un très-léger reflet bronzé; les stries sont assez marquées, finement, mais bien distinctement ponctuées, et disposées à peu près comme dans le *Rupestre;* les intervalles sont planes; on voit sur le troisième, près de la troisième strie, deux points enfoncés bien distincts: le premier au tiers, et le second à peu près aux deux tiers des élytres. Le dessous du corps est d'un noir un peu brunâtre. Les pattes sont d'un jaune-testacé assez pâle.

Je l'ai pris assez communément en Dalmatie; il se trouve aussi dans le midi de la France.

76. B. Deletum.

Capite thoraceque obscure viridi-æneis; thorace cordato, postice utrinque foveolato, angulis posticis rectis; elytris ovatis, fusco-testaceis, viridi-æneo-micantibus, striato-punctatis, punctisque duobus impressis; antennarum basi pedibusque testaceis.

Peryphus Deletus. Dej. *Cat.* p. 17.

Long. 1 $\frac{3}{4}$, 2 $\frac{1}{4}$ lignes. Larg. $\frac{3}{4}$, 1 ligne.

Il est plus petit que le *Rupestre* et proportionnellement plus large et moins allongé. La tête et le corselet sont en-dessus d'un vert-bronzé assez obscur. La tête est peu allongée, presque triangulaire, et elle a de chaque côté, entre les antennes, une impression longitudinale assez marquée. Les mandibules sont d'un brun un peu roussâtre. Les palpes sont d'un jaune-testacé un peu roussâtre, avec le pénultième article des maxillaires d'un brun noirâtre. Les deux premiers articles des antennes et la base des deux suivants sont d'un jaune testacé; le reste est d'un brun noirâtre. Les yeux sont noirâtres, assez gros et assez saillants. Le corselet est plus large que la tête, moins long que large, assez court, arrondi sur les côtés antérieurement, assez fortement rétréci postérieurement, cordiforme et assez convexe; il a quelques rides transversales ondulées, à peine distinctes; la ligne longitudinale du milieu est assez fortement marquée; l'impression transversale antérieure est en arc de cercle et peu distincte; la postérieure est assez fortement marquée; il a de chaque côté de la base une impression assez grande, presque arrondie et assez profonde; le fond de cette impression et toute la base sont couverts de points enfoncés assez serrés, souvent réunis, qui les font paraître un peu rugueux; le bord antérieur est légèrement échancré; les angles antérieurs sont obtus et presque arrondis; les côtés sont assez fortement rebordés; ils tombent carrément sur la base et forment avec elle un angle droit; la base est coupée carrément.

Les élytres sont plus larges que le corselet, en ovale moins allongé que celles du *Rupestre*, assez convexes, d'un brun un peu jaunâtre et recouvertes, surtout vers la base, d'un reflet bronzé plus ou moins marqué; les stries sont assez marquées, assez fortement ponctuées, surtout vers la base, presque lisses vers l'extrémité, et disposées à peu près comme celles du *Rupestre;* les intervalles sont presque planes; on voit sur le troisième, près de la troisième strie, deux points enfoncés assez distincts : le premier au tiers, et le second à peu près aux deux tiers des élytres. Le dessous du corps est d'un brun noirâtre. Les pattes sont d'un jaune testacé.

Il se trouve aux environs de Paris; j'ai pris en Dalmatie un individu qui me paraît se rapporter à cette espèce.

77. B. Contractum.

Supra viridi-æneum; thorace subcordato, postice utrinque obsolete foveolato, angulis posticis obtusis; elytris oblongis, striato-punctatis, margine tenui apiceque pallide testaceis obsoletis, punctisque duobus impressis; antennarum basi pedibusque testaceis.

Say. *Transactions of the American phil. society. new series.* II. p. 85. n° 5.

Long. 2 $\frac{1}{4}$ lignes. Larg. $\frac{3}{4}$ ligne.

Il est plus petit que le *Rupestre*, proportionnellement beaucoup plus étroit, et sa couleur est en-dessus d'un bronzé un peu verdâtre. La tête est assez allongée, presque triangulaire, et elle a de chaque côté, entre les antennes, une impression longitudinale assez marquée. Les mandibules sont d'un brun un peu roussâtre. Les palpes sont d'un jaune testacé, avec le pénultième article des maxillaires d'un brun noirâtre. Les antennes sont à peu près de la longueur de la moitié du corps; leurs premiers articles sont d'un jaune testacé; les autres sont d'un brun-obscur un peu roussâtre. Les yeux sont noirâtres, assez gros et assez saillants. Le corselet est plus large que la tête, moins long que large, arrondi sur les côtés, un peu rétréci postérieurement, presque cordiforme et assez convexe ; il est couvert de rides transversales ondulées, à peine distinctes ; la ligne longitudinale du milieu est fine et très-peu marquée ; les deux impressions transversales, dont l'antérieure est en arc de cercle, sont à peine sensibles ; il a de chaque côté de la base une impression oblongue peu apparente, dont le fond et les bords sont un peu rugueux ; on aperçoit aussi quelques points enfoncés peu distincts au milieu de la base ; le bord antérieur est légèrement échancré ; les angles antérieurs sont obtus ; les côtés sont rebordés ; ils paraissent tomber obliquement sur la base, mais on voit cependant qu'ils se redressent un peu très-près des angles postérieurs ; ceux-ci sont obtus et très-peu saillants ; la base est coupée carrément. Les élytres sont un peu plus larges que le corselet, assez étroites, assez allongées, légèrement ovales, presque parallèles et assez convexes ; elles ont une bordure latérale très-étroite et l'extrémité d'un jaune-testacé assez pâle et peu distinct, qui se fond insensiblement avec la couleur du reste des élytres ; les stries sont assez marquées, assez fortement ponctuées et disposées à peu près comme dans le *Rupestre*, mais les quatrième, cinquième, sixième et septième sont bien distinctes dans presque toute leur longueur ; les intervalles sont presque planes ; on voit sur le troisième deux points enfoncés bien distincts : le premier au tiers, et le second à peu près aux deux tiers des élytres. Le dessous du corps est d'un brun noirâtre. Les pattes sont d'un jaune testacé.

Il se trouve dans l'Amérique septentrionale, et je l'ai reçu de MM. Say et Leconte.

78. B. Dentellum.

Capite thoraceque viridi-æneis ; thorace subquadrato, postice subangustato, utrinque foveolato, angulis posticis obtusis ; elytris oblongo-ovatis, testaceis, striato-punctatis, sutura lata abbreviata viridi-ænea, punctisque duobus impressis ; antennarum basi pedibusque testaceis.

Notaphus Dentellus. Stéven.

Long. 1 ½ ligne. Larg. ½ ligne.

Il est plus petit que le *Femoratum.* La tête et le corselet sont en-dessus d'un vert-bronzé assez brillant. La tête est assez grande, peu allongée, presque triangulaire, et elle a de chaque côté, entre les antennes, une impression longitudinale assez fortement marquée. Les mandibules sont d'un brun un peu roussâtre. Les palpes sont d'un jaune testacé, avec le pénultième article des maxillaires d'un brun noirâtre. Les antennes sont à peu près de la longueur de la moitié du corps; leurs premiers articles sont d'un jaune testacé; les autres sont d'un brun-obscur un peu roussâtre. Les yeux sont noirâtres, très-gros et assez saillants. Le corselet est plus large que la tête, moins long que large, assez court, presque carré, légèrement arrondi sur les côtés, un peu rétréci postérieurement et peu convexe; il a quelques rides transversales ondulées, à peine distinctes; la ligne longitudinale est assez marquée; les deux impressions transversales, dont l'antérieure est en arc de cercle, et dont la postérieure forme presque un angle sur la ligne du milieu, sont fortement marquées; il a de chaque côté de la base une impression oblongue assez grande et assez profonde; le fond de cette impression et toute la base sont couverts de petits points enfoncés qui se confondent et qui les font paraître un peu rugueux; le bord antérieur est légèrement échancré; les angles antérieurs sont presque arrondis; les côtés sont assez fortement rebordés; ils tombent un peu obliquement sur la base et forment avec elle un angle obtus; la base est coupée carrément. Les élytres sont plus larges que le corselet, en ovale peu allongé, peu convexes et d'un jaune testacé; elles ont sur la suture une large bande longitudinale d'un vert-bronzé assez brillant, qui s'étend jusqu'à la troisième strie et qui ne va pas jusqu'à l'extrémité; les stries sont assez marquées, bien distinctement ponctuées, et disposées à peu près comme dans le *Rupestre;* les intervalles sont presque planes; on voit sur le troisième, près de la troisième strie, deux points enfoncés assez distincts : le premier au tiers, et le second à peu près aux deux tiers des élytres. Le dessous du corps est d'un brun noirâtre. Les pattes sont d'un jaune testacé.

Je ne possède qu'un individu de cet insecte; il m'a été envoyé par M. Stéven, comme venant du Caucase, et sous le nom spécifique que je lui ai conservé.

79. B. Mexicanum. *Mihi.*

Supra obscure viridi-æneum ; thorace transverso, subquadrato, postice angustato, utrinque foveolato, obsolete bistriato, angulis posticis rectis ; elytris oblongo-ovatis, striato-punctatis, punctisque duobus impressis ; antennarum basi pedibusque flavo-testaceis.

Long. 3 lignes. Larg. 1 $\frac{1}{4}$ ligne.

Il est un peu plus grand que le *Rupestre*, et sa couleur est en-dessus d'un vert-bronzé assez obscur. La tête est assez allongée, presque triangulaire, et elle a de chaque côté, entre les antennes, une impression longitudinale très-fortement marquée. Les mandibules sont d'un brun roussâtre. Les palpes sont d'un jaune testacé, avec l'extrémité du pénultième article des maxillaires d'un brun noirâtre. Les deux premiers articles des antennes et la base des deux suivants sont d'un jaune testacé; le reste est d'un brun noirâtre. Les yeux sont noirâtres, arrondis et assez saillants. Le corselet est plus large que la tête, moins long que large, assez court, presque transversal, presque carré, légèrement arrondi antérieurement sur les côtés, un peu rétréci postérieurement et presque plane; il a quelques rides transversales ondulées, assez distinctes; la ligne longitudinale est assez marquée dans son milieu et ne dépasse guère les deux impressions transversales; l'antérieure est en arc de cercle et peu distincte; la postérieure est un peu plus marquée; il a de chaque côté de la base une impression assez large et assez marquée, dans laquelle on remarque deux petites stries longitudinales à peine distinctes; le bord antérieur est légèrement échancré; les angles antérieurs sont presque arrondis; les côtés sont rebordés et un peu relevés; ils tombent presque carrément sur la base et forment avec elle un angle droit; la base est coupée presque carrément. Les élytres sont plus larges que le corselet, en ovale allongé et peu convexes; les stries sont assez marquées, distinctement ponctuées et disposées à peu près comme dans le *Rupestre;* l'extrémité des seconde et troisième, la moitié postérieure des quatrième, cinquième et sixième et toute la septième, sont très-peu marquées et presque entièrement effacées; la partie postérieure de la cinquième est assez fortement marquée; les intervalles sont planes; on voit sur le troisième, près de la troisième strie, deux points enfoncés bien distincts : le premier à peu près au tiers, et le second aux deux tiers des élytres. Le dessous du corps est d'un noir un peu brunâtre. Les pattes sont d'un jaune testacé.

Il se trouve au Mexique, et il m'a été envoyé par M. de Höpfner.

80. B. Hastii.

Supra nigro-æneum; thorace subquadrato, postice subangustato, utrinque foveolato, bistriato, angulis posticis rectis; elytris oblongis, profunde striato-punctatis, punctisque duobus impressis; antennis pedibusque nigris; femoribus basi rufescentibus.

Sahlberg. *Dissert. entom. ins. Fennica.* p. 195. n° 13.
Peryphus Punctiger. Germar.

Long. 2 lignes. Larg. $\frac{3}{4}$ ligne.

Il ressemble beaucoup au *Pfeiffii*, mais il est un peu plus petit, et sa couleur est en-dessus d'un noir-bronzé un peu moins verdâtre. La tête et les antennes sont à peu près comme dans le *Pfeiffii*. Le corselet est un peu moins large, moins court et moins transversal. Les élytres ont à peu près la même forme, mais elles sont un peu moins planes, et les stries sont plus fortement marquées et plus fortement ponctuées; les intervalles sont un peu moins planes. Le dessous du corps et les pattes sont à peu près comme dans le *Pfeiffii*; la base des cuisses est ordinairement d'un brun roussâtre.

Il se trouve en Laponie; M. Schönherr me l'a envoyé comme le *Punctiger* de Germar.

81. B. Pfeiffii.

Supra obscure viridi-æneum; thorace transverso, subquadrato, postice subangustato, utrinque foveolato, bistriato, angulis posticis rectis; elytris oblongis, subtiliter striato-punctatis, punctisque duobus impressis; antennis pedibusque nigris.

Sahlberg. *Dissert. entom. ins. Fennica.* p. 195. n° 14.
B. Virens. Gyllenhal. iv. p. 407. n° 7-8.

Long. 2 ¼ lignes. Larg. ¾ ligne.

Il est un peu plus petit que le *Decorum*, et sa couleur est en-dessus d'un vert-bronzé assez obscur. La tête est peu allongée, presque triangulaire, et elle a de chaque côté, entre les antennes, une impression longitudinale fortement marquée. Les mandibules sont d'un brun un peu roussâtre. Les palpes sont d'un brun noirâtre. Les antennes sont à peu près de la longueur de la moitié du corps; leurs quatre premiers articles sont d'un noir un peu verdâtre; les autres sont d'un noir obscur. Les yeux sont noirâtres, assez gros et assez saillants. Le corselet est plus large que la tête, moins long que large, assez court, transversal, presque carré, légèrement arrondi antérieurement sur les côtés, un peu rétréci postérieurement et presque plane; il a quelques rides transversales ondulées, à peine distinctes; la ligne longitudinale est assez fortement marquée, surtout dans son milieu; l'impression transversale antérieure est peu distincte; la postérieure est assez fortement marquée; il a de chaque côté de la base une impression assez grande, presque arrondie et assez profonde, dans laquelle on remarque deux petites stries longitudinales, dont l'extérieure est un peu plus longue, un peu plus distincte et forme presque une petite côte élevée, près de l'angle postérieur; le fond de cette impression et toute la base sont un peu rugueux; le bord antérieur est légèrement échancré; les angles antérieurs sont obtus et presque arrondis; les côtés sont rebordés; ils tombent carrément sur la base et forment avec elle un angle droit; la base est coupée presque carrément. Les élytres sont plus larges que le corselet, allongées, légèrement ovales, presque parallèles et presque planes; les stries sont peu marquées, assez fines, mais assez distinctes dans toute leur longueur, légèrement ponctuées et disposées à peu près comme celles du *Rupestre;* l'extrémité de la cinquième est assez fortement marquée; les intervalles sont planes; on voit sur le troisième, presque sur la troisième strie, deux points enfoncés bien distincts : le premier un peu avant le milieu, et le second à peu près aux trois quarts des élytres. Le dessous du corps et les cuisses sont d'un noir un peu verdâtre; les jambes et les tarses sont d'un noir-obscur un peu brunâtre; quelquefois l'origine des cuisses est un peu roussâtre.

Il se trouve en Suède et en Laponie.

82. B. Prasinum. *Megerle ?*

Supra obscure viridi-æneum; thorace transverso, subquadrato, postice subangustato, utrinque foveolato, bistriato, angulis posticis rectis; elytris oblongis, striatis, punctisque duobus impressis; antennarum articulo primo femorumque basi rufo-testaceis.

Sahlberg. *Dissert. entom. ins. Fennica.* p. 196. n° 15.
Sturm ? vi. p. 147. n° 26. t. 159. fig. b. B.
Elaphrus Prasinus ? Duftschmid. ii. p. 201. n° 14.

Peryphus Prasinus. Dej. *Cat.* p. 17.

B. Olivaceum.Gyllenhal. iv. p. 408. n° 7-8.

Var. *B.Kolströmii*. Sahlberg. *Dissert. entom. ins. Fennica*. p. 196. n° 16.

Long. 2 $\frac{1}{4}$ lignes. Larg. $\frac{3}{4}$ ligne.

Il ressemble beaucoup au *Pfeiffii* par la grandeur, la forme et la couleur. La tête et le corselet sont entièrement comme dans le *Pfeiffii*. Le premier article des antennes est en-dessous d'un rouge testacé. Les élytres sont à peu près comme celles du *Pfeiffii;* les stries sont assez fortement marquées et paraissent tout-à-fait lisses. La base des cuisses est ordinairement d'une couleur testacée un peu rougeâtre.

Quelquefois le premier article des antennes et les cuisses sont entièrement d'un rouge testacé, et les élytres d'un brun roussâtre, avec la suture noirâtre. C'est à cette variété qu'il faut rapporter le *Kolströmii* de Salhberg.

Il se trouve en Suède et en Laponie.

Je ne suis pas bien certain que le *Prasinum* de Megerle, Duftschmid et Sturm, soit le même que cet insecte.

83. B. Felmanni.

Supra obscure viridi-æneum ; thorace transverso, subquadrato, postice subangustato, utrinque foveolato, bistriato, angulis posticis rectis ; elytris oblongo-ovatis, striatis, punctisque duobus impressis ; antennis pedibusque nigris.

Sahlberg. *Dissert. entom. ins. Fennica*. p. 197. n° 17.

Peryphus Felmanni. Mannerheim. Hummel. *Essais entomologiques*. 3. p. 43. n° 1.

Long. 1 $\frac{3}{4}$ ligne. Larg. $\frac{2}{3}$ ligne.

Il ressemble aussi beaucoup au *Pfeiffii*; mais il est beaucoup plus petit, proportionnellement moins allongé, et sa couleur est en-dessus un peu plus bronzée. La tête, les antennes et le corselet sont entièrement comme dans le *Pfeiffii*. Les élytres sont plus courtes, plus ovales et un peu moins planes; elles sont striées et ponctuées à peu près de la même manière, mais les stries paraissent tout-à-fait lisses. Le dessous du corps et les pattes sont à peu près comme dans le *Pfeiffii.*

Il se trouve en Laponie.

84. B. Fasciolatum. *Megerle.*

Supra obscure viridi-æneum; thorace cordato, postice utrinque foveolato, obsolete bistriato, angulis posticis rectis; elytris oblongis, subplanis, striato-punctatis, vitta lata submarginali rufo-brunnea obsoleta, punctisque duobus impressis; antennarum articulo primo tibiisque rufo-testaceis.

Sturm. vi. p. 121. n° 8. t. 155. fig. d. D.
Elaphrus Fasciolatus. Duftschmid. ii. p. 210. n° 25.
Peryphus Fasciolatus. Dej. *Cat.* p. 17.
Var. *Peryphus Angusticollis.* Megerle.

Long. 2 $\frac{1}{2}$, 3 $\frac{1}{2}$ lignes. Larg. 1, 1 $\frac{1}{2}$ ligne.

Il est ordinairement plus grand que le *Decorum*, et sa couleur est en-dessus d'un vert-bronzé assez obscur. La tête est assez allongée, presque triangulaire, et elle a de chaque côté, entre les antennes, une impression longitudinale fortement marquée. Les mandibules sont d'un brun un peu roussâtre. Les palpes sont de la même couleur, avec les deux derniers articles des maxillaires et l'extrémité du pénultième des labiaux d'un brun noirâtre. Les antennes sont à peu près de la longueur de la moitié du corps; leur premier article est d'un rouge testacé; les autres sont d'un brun noirâtre. Les yeux sont noirâtres, assez gros et assez saillants, ce qui fait paraître la tête rétrécie postérieurement. Le corselet est plus large que la tête, moins long que large, légèrement arrondi antérieurement sur les côtés, rétréci postérieurement, cordiforme et presque plane; il a quelques rides transversales ondulées, à peine distinctes; la ligne longitudinale du milieu est fortement marquée; les deux impressions transversales, dont l'antérieure est en arc de cercle, et dont la postérieure forme presque un angle sur la ligne du milieu, sont assez distinctes; il a de chaque côté de la base une impression oblongue assez grande, dont le fond et les bords sont un peu rugueux, et dans laquelle on remarque deux petites stries longitudinales peu apparentes, dont l'extérieure est un peu plus distincte et forme presque une petite côte élevée, près de l'angle postérieur; le bord antérieur est légèrement échancré; les angles antérieurs sont obtus; les côtés sont assez fortement rebordés et un peu déprimés; ils tombent carrément sur la base et forment avec elle un angle droit; la base est coupée un peu obliquement sur les côtés, et presque carrément dans son milieu. Les élytres sont plus larges que le corselet, allongées, légèrement ovales, presque parallèles et presque planes; elles ont une large bande longitudinale d'un brun roussâtre, qui touche presque au bord extérieur et qui s'étend ordinairement jusqu'à la troisième strie; cette bande est quelquefois très-apparente, souvent à peine distincte et quelquefois même entièrement effacée; les stries sont assez fortement ponctuées, surtout vers la base, presque lisses vers l'extrémité, et disposées à peu près comme celles du *Rupestre*; les trois premières et l'extrémité de la cinquième sont fortement marquées; les autres sont un peu moins marquées, mais cependant bien distinctes dans toute leur longueur; les intervalles sont planes; on voit sur le troisième, près de la troisième strie, deux points enfoncés bien distincts : le premier un peu avant le milieu, et le second à peu près aux trois quarts des élytres. Le dessous du corps est d'un noir assez brillant. Les cuisses sont d'un brun noirâtre, avec la base et l'extrémité un peu roussâtre. Les jambes sont d'un jaune-testacé un peu roussâtre; leur extrémité et les tarses sont d'un brun noirâtre.

Il est très-commun en Autriche; on le trouve aussi en Allemagne et en Suisse.

J'ai reçu de M. Ullrich, sous le nom de *Peryphus Angusticollis* de Megerle, un individu un peu plus petit, dont le corselet est un peu plus étroit, l'impression de chaque côté de la base moins large, et dont les cuisses sont presque entièrement de la couleur des jambes, mais qui ne me paraît cependant qu'une simple variété de cette espèce.

85. B. Coeruleum.

Supra cyaneum; thorace cordato, postice utrinque foveolato, obsolete bistriato, angulis posticis rectis; elytris oblongis, subplanis, striato-punctatis, punctisque duobus impressis; antennarum articulo primo, tibiis tarsisque obscure rufo-testaceis.

Peryphus Cœruleus. Dej. *Cat.* p. 17.

Long. 2 ½, 3 ¼ lignes. Larg. 1, 1 ⅓ ligne.

Il ressemble au *Fasciolatum*, mais il est ordinairement un peu plus petit, et sa couleur est entièrement en-dessus d'un bleu-foncé quelquefois un peu verdâtre. La tête et le corselet sont à peu près comme dans le *Fasciolatum*. Les palpes sont entièrement d'un brun noirâtre. Le premier article des antennes est d'une couleur testacée moins rouge, plus brune, et quelquefois presque entièrement noirâtre en-dessus. Les élytres ont à peu près la même forme et sont striées et ponctuées à peu près de la même manière; mais la septième strie et l'extrémité de la sixième sont ordinairement moins distinctes et presque entièrement effacées. Le dessous du corps est d'un noir un peu verdâtre. Les cuisses sont de la même couleur, avec la base et l'extrémité un peu roussâtres. Les jambes et les tarses sont d'un brun roussâtre.

Il est très-commun dans le midi de la France, en Espagne et en Dalmatie; on le trouve aussi quelquefois aux environs de Paris.

86. B. TIBIALE. *Megerle.*

Supra viridi-cyaneum; thorace cordato, postice utrinque foveolato, obsolete bistriato, angulis posticis rectis; elytris oblongo-ovatis, striato-punctatis, punctisque duobus impressis; antennarum articulo primo tibiisque testaceis.

STURM. VI. p. 127. n° 12. T. 156. fig. c. C.
Elaphrus Tibialis. DUFTSCHMID. II. p. 209. n° 24.
Peryphus Tibialis. DEJ. *Cat.* p. 17.
VAR. *Peryphus Gilvipes.* PARREYSS.

Long. 1 $\frac{3}{4}$, 2 $\frac{3}{4}$ lignes. Larg. $\frac{3}{4}$, 1 $\frac{1}{4}$ ligne.

Il ressemble un peu au *Cœruleum*, mais il est ordinairement plus petit, proportionnellement plus large et moins allongé, et sa couleur est en-dessus d'un bleu-verdâtre quelquefois un peu bronzé. La tête et le corselet sont à peu près comme dans le *Cœruleum*. Les palpes sont d'un brun roussâtre, avec le pénultième article des maxillaires et l'extrémité du pénultième des labiaux d'un brun noirâtre. Le premier article des antennes est d'un jaune-testacé un peu rougeâtre. Les élytres sont un peu moins allongées, plus ovales, moins parallèles, moins planes, légèrement convexes, et striées et ponctuées à peu près de la même manière. Le dessous du corps est d'un noir un peu verdâtre. Les cuisses sont d'un noir un peu brunâtre, avec la base et l'extrémité un peu roussâtres. Les jambes sont d'un jaune testacé; leur extrémité et les tarses sont d'un brun-noirâtre quelquefois un peu roussâtre.

Il se trouve dans le midi et les parties orientales de la France, en Suisse, en Allemagne et en Autriche.

J'ai reçu de M. Parreyss, sous le nom de *Peryphus Gilvipes*, des individus venant de la Bucovine, qui ne me paraissent pas différer de cette espèce.

87. B. Decorum. *Zenker.*

Supra viridi-cyaneum; thorace cordato, postice utrinque foveolato, angulis posticis rectis; elytris oblongis, subparallelis, subplanis, striato-punctatis, punctisque duobus impressis; antennarum basi pedibusque rufo-testaceis.

Sturm. vi. p. 122. n° 9.
Carabus Decorus. Panzer. *Fauna german.* 73. n° 4.
Elaphrus Decorus. Duftschmid. ii. p. 207. n° 21.
Peryphus Decorus. Dej. *Cat.* p. 17.

Long. 2 ½ lignes. Larg. 1 ligne.

Il est à peu près de la grandeur du *Rupestre*, mais il est plus étroit, moins convexe, et sa couleur est en-dessus entièrement d'un bleu un peu verdâtre. La tête est assez allongée, presque triangulaire, et elle a de chaque côté, entre les antennes, une impression longitudinale fortement marquée, dont le fond est un peu rugueux. Les mandibules sont d'un brun un peu roussâtre. Les palpes sont d'un jaune-testacé un peu rougeâtre, avec le pénultième article des maxillaires d'un brun obscur. Les antennes sont à peu près de la longueur de la moitié du corps; le premier article et la base des trois suivants sont d'un rouge testacé; le reste est d'un brun noirâtre. Les yeux sont noirâtres, assez gros et assez saillants, ce qui fait paraître la tête rétrécie postérieurement. Le corselet est plus large que la tête, un peu moins long que large, arrondi antérieurement sur les côtés, rétréci postérieurement, assez fortement cordiforme, peu convexe et presque plane; les rides transversales ondulées sont à peine distinctes; la ligne longitudinale du milieu est fortement marquée; les deux impressions transversales sont peu apparentes; il a de chaque côté de la base une impression oblongue assez fortement marquée; le fond, les bords de cette impression et toute la base sont couverts de points enfoncés qui se confondent et qui les font paraître un peu rugueux; le bord antérieur est très-légèrement échancré; les angles antérieurs sont obtus et presque arrondis; les côtés sont légèrement rebordés; ils tombent carrément sur la base et forment avec elle un angle droit; la base est coupée un peu obliquement sur ses côtés, et presque carrément dans son milieu. Les élytres sont plus larges que le corselet, assez allongées, très-légèrement ovales, presque parallèles et presque planes; les stries sont disposées à peu près comme celles du *Rupestre;* elles sont assez fortement ponctuées, surtout vers la base, et presque lisses vers l'extrémité; les trois premières, la base des quatrième, cinquième et sixième, et l'extrémité de la cinquième, sont assez fortement marquées; la septième est peu distincte et presque entièrement effacée; les intervalles sont presque planes; on voit sur le troisième, près de la troisième strie, deux points enfoncés bien distincts: le premier un peu avant le milieu, et le second à peu près aux trois quarts des élytres. Le dessous du corps est d'un noir un peu bleuâtre. Les pattes sont entièrement d'un rouge testacé.

Il se trouve communément en France, surtout dans les parties méridionales, en Espagne, en Allemagne, en Autriche et en Dalmatie.

88. B. Siculum. *Mihi.*

Supra cyaneum; thorace cordato, postice utrinque foveolato, angulis posticis rectis; elytris oblongis, tenue striato-punctatis, punctisque duobus impressis; antennarum basi pedibusque testaceis.

Long. 2 ½ lignes. Larg. 1 ligne.

Il ressemble beaucoup au *Decorum*, mais sa couleur est endessus un peu plus bleue et moins verdâtre. La tête est un peu plus étroite. Les palpes sont entièrement d'un jaune testacé. Les trois premiers articles des antennes et la base du quatrième sont de la même couleur. Le corselet est un peu plus étroit et un peu plus convexe. Les élytres sont un peu plus ovales, moins parallèles, plus convexes, un peu plus étroites antérieurement, et leur plus grande largeur est un peu au-delà du milieu; les stries sont disposées de la même manière, mais elles sont beaucoup moins marquées et moins fortement ponctuées; les deux points enfoncés du troisième intervalle sont placés à peu près de la même manière. Les pattes sont d'une couleur testacée un peu moins rougeâtre.

Il se trouve en Sicile, et il m'a été envoyé par M. Dahl, comme une nouvelle espèce.

89. B. Distinctum. *Mihi.*

Supra viridi-cyaneum; thorace cordato, antice subrotundato, postice subcoarctato, utrinque obsolete foveolato, angulis posticis rectis; elytris oblongis, subplanis, striato-punctatis, punctisque duobus impressis; antennarum basi pedibusque rufo-testaceis.

B. Æneum. Sturm. *Catal.* p. 99.

Long. 3 $\frac{1}{3}$ lignes. Larg. 1 $\frac{1}{3}$ ligne.

Il ressemble beaucoup au *Decorum*, avec lequel je l'ai confondu pendant long-temps, mais il est beaucoup plus grand. Le fond des deux impressions longitudinales que l'on voit entre les antennes est tout-à-fait lisse et ne paraît nullement rugueux. Le corselet est plus large et plus arrondi sur les côtés antérieurement, plus brusquement rétréci postérieurement et plus convexe; la ligne longitudinale du milieu est moins fortement marquée; l'impression tranversale postérieure est un peu plus distincte; l'impression que l'on voit de chaque côté de la base est beaucoup moins marquée; le bord antérieur est coupé presque carrément; les angles antérieurs sont presque arrondis; la base est coupée plus obliquement sur les côtés. Les élytres sont un peu plus ovales et moins parallèles; elles sont striées et ponctuées à peu près de la même manière; mais les stries extérieures, et surtout la septième, sont un peu plus marquées. Le dessous du corps, les pattes et les antennes sont à peu près comme dans le *Decorum*.

Il se trouve en Suisse et dans les parties orientales de la France.

M. Sturm me l'a envoyé comme l'*Æneum* de son Catalogue.

90. B. Perplexum. *Mihi.*

Supra nigro-æneum; thorace angustato, subcordato, postice utrinque obsolete foveolato, angulis posticis rectis; elytris oblongis, subplanis, profunde striato-punctatis, punctisque duobus impressis; antennarum basi, tibiis tarsisque testaceis; femoribus rufo-piceis.

Peryphus Angustatus. Dej. *Cat.* p. 17.

Long. 1 $\frac{3}{4}$ ligne. Larg. $\frac{2}{3}$ ligne.

Il est beaucoup plus petit que le *Decorum*, et sa couleur est en-dessus d'un bronzé-obscur presque noirâtre. La tête est assez allongée et presque triangulaire; elle a de chaque côté, entre les antennes, une impression longitudinale assez large et assez marquée, dont le fond est couvert de points enfoncés qui le font paraître un peu rugueux, et, dans son milieu, quelques petits points enfoncés qui semblent réunir la partie postérieure des deux impressions. Les mandibules sont d'un brun roussâtre. Les palpes sont de la même couleur, avec le pénultième article des maxillaires d'un brun noirâtre. Les antennes sont à peu près de la longueur de la moitié du corps; le premier article et la base des deux suivants sont d'une couleur testacée un peu rougeâtre; le reste est d'un brun noirâtre. Les yeux sont noirâtres, assez grands et peu saillants. Le corselet est un peu plus large que la tête, assez étroit, presque aussi long que large, très-légèrement arrondi antérieurement sur les côtés, peu rétréci postérieurement, légèrement cordiforme et assez convexe; il a quelques rides transversales ondulées, à peine distinctes; la ligne longitudinale est très-fortement marquée dans son milieu et ne dépasse pas les impressions transversales; l'antérieure est en arc de cercle et peu distincte; la postérieure est fortement marquée; il a de chaque côté de la base une petite impression presque arrondie et peu apparente; le fond, les bords de cette impression et toute la base sont couverts de points enfoncés très-serrés, souvent réunis, qui les font paraître assez fortement rugueux; le bord antérieur est très-légèrement échancré et coupé presque carrément; les angles antérieurs sont obtus et presque arrondis; les côtés sont rebordés; ils tombent carrément sur la base et forment avec elle un angle droit; la base est coupée presque carrément. Les élytres sont plus larges que le corselet, assez allongées, légèrement ovales, presque parallèles et presque planes; les stries sont assez marquées, très-fortement ponctuées, surtout vers la base, presque lisses vers l'extrémité, et disposées à peu près comme dans le *Decorum*; la septième est presque entièrement effacée; les intervalles sont un peu relevés; les deux points enfoncés que l'on voit sur le troisième sont placés comme dans le *Decorum*, mais sont un peu moins marqués. Le dessous du corps est noir. Les cuisses sont d'un brun roussâtre. Les jambes et les tarses sont d'une couleur testacée un peu rougeâtre.

Je ne possède qu'un seul individu de cet insecte; je l'ai trouvé en Styrie.

91. B. Fuscicorne.

Supra viridi-cyaneum; thorace cordato, postice utrinque foveolato, angulis posticis rectis; elytris oblongo-ovatis, striato-punctatis, punctisque duobus impressis; antennarum basi pedibusque pallide testaceis.

Peryphus Fuscicornis. Dej. *Cat.* p. 17.

Long. 2 $\frac{1}{4}$ lignes. Larg. 1 ligne.

Il est à peu près de la grandeur du *Tibiale*, et sa couleur est en-dessus d'un bleu un peu verdâtre. La tête est assez grande, assez allongée, presque triangulaire, et elle a de chaque côté, entre les antennes, une impression longitudinale fortement marquée. La lèvre supérieure et les mandibules sont d'un brun un peu roussâtre. Les palpes sont d'un jaune testacé, avec le pénultième article des maxillaires et l'extrémité du pénultième des labiaux d'un brun noirâtre. Les antennes sont à peu près de la longueur de la moitié du corps; le premier article est d'un jaune-testacé assez pâle; le second et la base du troisième sont d'une couleur testacée plus obscure et un peu rougeâtre; tout le reste est d'un brun noirâtre. Les yeux sont noirâtres, assez gros et assez saillants. Le corselet est un peu plus large que la tête, presque aussi long que large, arrondi antérieurement sur les côtés, rétréci postérieurement, cordiforme et peu convexe; il a quelques rides transversales ondulées, à peine distinctes; la ligne longitudinale est assez marquée dans son milieu et ne dépasse guère les deux impressions transversales; l'antérieure est en arc de cercle et peu distincte; la postérieure est assez fortement marquée et forme presque un angle sur la ligne du milieu; il a de chaque côté de la base une impression un peu oblongue, assez grande et assez profonde; le fond, les bords de cette impression et toute la base sont couverts de points enfoncés qui se confondent et qui les font paraître un peu rugueux; le bord antérieur est légèrement échancré; les angles antérieurs sont obtus; les côtés sont assez largement rebordés et un peu déprimés; ils tombent carrément sur la base et forment avec elle un angle droit; la base est coupée presque carrément. Les élytres sont plus larges que le corselet, en ovale assez allongé et assez convexes; les stries sont un peu moins marquées, un peu moins fortement ponctuées que celles du *Decorum*, et disposées à peu près de la même manière; les deux points enfoncés du troisième intervalle sont placés comme dans le *Decorum*. Le dessous du corps est d'un noir un peu brunâtre. Les pattes sont entièrement d'un jaune-testacé très-pâle.

Je l'ai trouvé assez communément en Styrie.

92. B. Brunnicorne.

Supra viridi-æneum; thorace subtransverso, cordato; antice subrotundato, postice subcoarctato, utrinque foveolato, angulis posticis rectis; elytris oblongo-ovatis, striato-punctatis, punctisque duobus impressis; antennarum basi pedibusque pallide testaceis.

Peryphus Brunnicornis. Dej. *Cat.* p. 17.
Var. *Peryphus Incertus.* Dej. *Cat.* p. 17.

Long. 2 lignes. Larg. ¾ ligne.

Il ressemble beaucoup au *Rufipes*, dont il n'est peut-être qu'une variété. Il est plus petit, et sa couleur est en-dessus plus verte et plus bronzée. Les palpes sont d'un jaune testacé, avec l'extrémité du dernier article des maxillaires d'un brun obscur. Les antennes sont d'un brun un peu roussâtre, et le premier article est d'un jaune-testacé plus pâle. Les pattes sont entièrement d'un jaune-testacé très-pâle.

Je l'ai trouvé assez communément en Dalmatie.

Le *Peryphus Incertus* de mon Catalogue, que j'ai pris aussi en Dalmatie, ne me paraît qu'une variété de cette espèce.

93. B. Rufipes.

Supra viridi-cyaneum; thorace subtransverso, cordato, antice subrotundato, postice subcoarctato, utrinque foveolato, angulis posticis rectis; elytris oblongo-ovatis, striato-punctatis, punctisque duobus impressis; antennarum basi pedibusque rufo-testaceis; femoribus basi piceis.

Gyllenhal. II. p. 18. n° 6. et IV. p. 404. n° 6.
Elaphrus Rufipes. Illiger. *Mag.* I. p. 63. n° 7-8.
Carabus Rufipes. Sch. *Syn. ins.* I. p. 223. n° 303.
Peryphus Rufipes. Dej. *Cat.* p. 17.

B. Brunnipes. STURM. VI. p. 128. n° 13. T. 156. fig. d. D.
VAR. A. *Peryphus Dalmatinus*. DEJ. *Cat.* p. 17.
VAR. B. *Peryphus Violaceus*. DEJ. *Cat.* p. 17.

Long. 2, 2 ½ lignes. Larg. ¾, 1 ligne.

Il est ordinairement plus petit que le *Decorum*, proportionnellement plus large et moins allongé, et sa couleur est en-dessus d'un bleu plus ou moins verdâtre et quelquefois un peu bronzé. La tête est assez grande, presque triangulaire, et elle a de chaque côté, entre les antennes, une impression longitudinale assez fortement marquée. Les mandibules sont d'un brun roussâtre. Les palpes sont d'un jaune-testacé un peu rougeâtre, avec le pénultième article des maxillaires et l'extrémité du pénultième des labiaux d'un brun noirâtre. Les antennes sont à peu près de la longueur de la moitié du corps; le premier article et la base des trois suivants sont d'un jaune-testacé un peu rougeâtre; le reste est d'un brun-noirâtre, quelquefois un peu roussâtre. Les yeux sont noirâtres, assez gros et assez saillants. Le corselet est plus large que la tête, moins long que large, assez court, presque transversal, très-arrondi antérieurement sur les côtés, rétréci brusquement postérieurement, assez fortement cordiforme et assez convexe; il a quelques rides transversales ondulées, à peine distinctes; la ligne longitudinale du milieu est assez fortement marquée et ne dépasse guère les deux impressions transversales; l'antérieure est en arc de cercle et peu distincte; la postérieure est assez fortement marquée et forme presque un angle sur la ligne du milieu; il a de chaque côté de la base une impression assez grande, presque arrondie et assez profonde; le fond de cette impression et toute la base sont couverts de points enfoncés qui se confondent et qui les font paraître assez fortement rugueux; le bord antérieur est légèrement échancré; les angles antérieurs sont obtus et presque arrondis; les côtés sont assez fortement rebordés; ils tombent carrément sur la base et forment avec elle un angle droit, dont le sommet est assez aigu; la base est coupée presque carrément. Les élytres sont plus larges que le corselet, en ovale allongé et peu convexes; les stries sont assez fortement marquées et fortement ponctuées, surtout vers la base, très-peu marquées et presque lisses vers l'extrémité, et disposées à peu près comme celles du *Decorum;* les intervalles sont presque planes; on voit sur le troisième, près de la troisième strie, deux points enfoncés assez distincts: le premier à peu près au tiers, et le second aux deux tiers des élytres. Le dessous du corps est noir. Les pattes sont d'un jaune-testacé un peu rougeâtre, avec la base des cuisses d'un brun noirâtre.

Il se trouve très-communément dans le midi de la France; il est plus rare dans le nord et en Suède; on le trouve aussi en Illyrie, en Dalmatie et dans les provinces méridionales de la Russie.

La variété A, *Peryphus Dalmatinus* de mon Catalogue, est un peu plus grande; les stries des élytres sont moins marquées, moins fortement ponctuées et moins distinctes vers l'extrémité; je l'ai trouvée très-communément en Dalmatie.

La variété B, *Peryphus Violaceus* de mon Catalogue, est un peu plus petite, d'un bleu violet, et les antennes sont presque entièrement d'un jaune testacé; je l'ai trouvée une seule fois en Styrie.

M. Sturm me l'a envoyé comme son *Brunnipes.* Je ne crois pas que le *Rufipes* de Duftschmid puisse être rapporté à cette espèce.

94. B. Alpinum.

Supra viridi-æneum; thorace subtransverso, cordato, antice subrotundato, postice subcoarctato, utrinque foveolato, angulis posticis rectis; elytris oblongo-ovatis, striato-punctatis, punctisque duobus impressis; antennarum basi pedibusque rufo-testaceis; femoribus basi piceis.

Peryphus Alpinus. Dej. *Cat.* 17.

Long. 2 ¼ lignes. Larg. ¾ ligne.

Il ressemble beaucoup au *Rufipes*, et n'en est peut-être qu'une variété. Il est ordinairement un peu plus petit, et sa couleur est en-dessus plus verte et plus bronzée. La tête et le corselet sont à peu près comme dans le *Rufipes*. Les élytres sont un peu plus courtes; les stries sont moins marquées, moins fortement ponctuées et moins distinctes vers l'extrémité. Le dessous du corps et les pattes sont à peu près comme dans le *Rufipes*.

Je l'ai trouvé dans les alpes de la Styrie et de la Croatie.

95. B. SAHLBERGII. *Mihi.*

Supra nigro-æneum; thorace subtransverso, cordato, antice subrotundato, postice subcoarctato, utrinque foveolato, angulis posticis rectis; elytris oblongo-ovatis, striato-punctatis, punctisque duobus impressis; antennarum basi pedibusque rufo-brunneis; femoribus basi piceis.

B. Brunnipes. SAHLBERG. *Dissert. entom. ins. Fennica.* p. 191. n° 5.

Long. 2 lignes. Larg. $\frac{3}{4}$ ligne.

Il ressemble beaucoup au *Rufipes*, mais il est plus petit, et sa couleur est en-dessus d'un noir un peu bronzé. La tête et le corselet sont à peu près comme dans le *Rufipes*. Les palpes sont presque entièrement d'un brun noirâtre. Le premier article des antennes et la base des trois suivants sont d'un rouge-testacé un peu brunâtre. Les élytres sont un peu plus courtes; les stries sont moins marquées, moins fortement ponctuées et beaucoup moins distinctes vers l'extrémité. Les pattes sont d'un rouge-testacé obscur et un peu brunâtre, avec la base des cuisses d'un brun noirâtre.

Il se trouve en Finlande, et il m'a été envoyé par M. Sahlberg.

96. B. BRUNNIPES. *Megerle.*

Supra viridi-cyaneum; thorace oblongo, cordato, postice punc-

tato, utrinque obsolete foveolato, angulis posticis rectis; elytris oblongis, striato-punctatis, punctisque duobus impressis; antennarum basi pedibusque testaceis.

Peryphus Brunnipes. DEJ. *Cat.* p. 17.
B. Erythrocnemum. PARREYSS. STURM. *Catul.* p. 100.

Long. 2 $\frac{1}{2}$, 2 $\frac{3}{4}$ lignes. Larg. 1, 1 $\frac{1}{4}$ ligne.

Il est ordinairement à peu près de la grandeur du *Decorum*, et sa couleur est en-dessus d'un bleu plus ou moins verdâtre, quelquefois un peu bronzé. La tête est assez allongée, presque triangulaire, et elle a de chaque côté, entre les antennes, une impression longitudinale très-fortement marquée. Les mandibules sont d'un brun roussâtre. Les palpes sont entièrement d'un jaune testacé. Les antennes sont à peu près de la longueur de la moitié du corps; les deux premiers articles et la base des deux suivants sont d'une couleur testacée un peu rougeâtre; les autres sont d'un brun-obscur un peu roussâtre et quelquefois de la couleur des premiers. Les yeux sont noirâtres, assez gros et assez saillants. Le corselet est un peu plus large que la tête, aussi long que large, arrondi antérieurement sur les côtés, rétréci postérieurement, cordiforme et assez convexe; il a quelques rides transversales ondulées, peu distinctes; la ligne longitudinale du milieu est assez fortement marquée; les deux impressions transversales, dont l'antérieure est en arc de cercle, sont peu distinctes; il a de chaque côté de la base une petite impression oblongue peu apparente; toute la base est couverte de gros points enfoncés assez fortement marqués; quelquefois on voit aussi quelques points enfoncés près du bord antérieur, mais ils sont ordinairement presque entièrement effacés; le bord antérieur est très-légèrement échancré et coupé presque carrément; les angles antérieurs sont arrondis; les côtés sont légèrement rebordés; ils tombent carrément sur la base et forment avec elle un angle droit; la base est coupée carrément.

Les élytres sont plus larges que le corselet, en ovale très-allongé et légèrement convexes; les stries sont assez fortement marquées, fortement ponctuées, surtout vers la base, presque entièrement effacées vers l'extrémité et disposées à peu près comme dans le *Decorum;* la septième strie est bien distincte depuis la base jusqu'à la moitié des élytres, et l'extrémité de la cinquième est presque entièrement effacée; les intervalles sont presque planes; on voit sur le troisième, près de la troisième strie, deux points enfoncés qui se confondent presque avec ceux des stries : le premier à peu près au tiers, et le second aux deux tiers des élytres. Le dessous du corps est d'un noir un peu brunâtre. Les pattes sont d'un jaune testacé.

Il se trouve en Autriche, en Allemagne, en Suisse et dans les provinces méridionales de la France. M. Parreyss me l'a envoyé comme venant de la Bucovine, sous le nom d'*Erythrocnemum;* je l'ai reçu de M. Dahl comme une nouvelle espèce, venant des montagnes de la Sicile.

97. B. Stomoides.

Supra viridi-æneum; thorace oblongo, cordato, postice punctato, utrinque obsolete foveolato, angulis posticis rectis; elytris oblongo-ovatis, convexis, striato-punctatis, punctisque duobus impressis; antennis rufo-testaceis; pedibus pallide flavo-testaceis.

Peryphus Stomoides. Dej. *Cat.* p. 17.
B. Oblongum. Sturm.

Long. 2 ½ lignes. Larg. 1 ligne.

Il ressemble beaucoup au *Brunnipes,* et il est à peu près de la même forme et de la même grandeur. Sa couleur est un peu moins bleue et plus bronzée. Les antennes sont entièrement d'une couleur testacée un peu rougeâtre. Le corselet est un peu plus large et un peu plus arrondi sur les côtés antérieurement, ce qui le fait paraître un peu plus rétréci postérieurement. Les élytres sont un peu moins allongées, plus ovales et un peu plus convexes; elles sont striées et ponctuées à peu près de la même manière. Les pattes sont d'une couleur testacée plus jaune et plus pâle.

Je l'ai trouvé en Styrie et dans les Pyrénées orientales. Je l'ai reçu de M. Sturm, sous le nom d'*Oblongum*, comme venant des environs de Genève.

98. B. Crenatum.

Supra viridi-æneum; thorace oblongo, subcordato, antice posticeque punctato, postice utrinque obsolete foveolato, angulis posticis rectis; elytris oblongis, profunde striato-punctatis, punctisque duobus impressis; antennis pedibusque testaceis.

Peryphus Crenatus. Dej. *Cat.* p. 17.

Long. 1 $\frac{2}{3}$ ligne. Larg. $\frac{2}{3}$ ligne.

Il ressemble au *Brunnipes*, mais il est beaucoup plus petit, et sa couleur est en-dessus un peu moins bleue, plus verte et plus bronzée. Le fond des deux impressions que l'on voit entre les antennes paraît un peu rugueux, et l'on aperçoit quelques petits points enfoncés, au milieu de la tête. Les antennes sont entièrement d'une couleur testacée un peu rougeâtre. Le corselet est un peu plus étroit et moins arrondi sur les côtés antérieurement, ce qui le fait paraître moins cordiforme et moins rétréci postérieurement; le bord antérieur est presque aussi fortement ponctué que la base. Les élytres ont à peu près la même forme; les stries sont disposées de la même manière, mais elles sont plus fortement ponctuées. Le dessous du corps et les pattes sont à peu près comme dans le *Brunnipes*.

Il se trouve en Autriche et en Allemagne.

99. B. Dahlii. *Mihi.*

Capite thoraceque nigro-piceis; thorace oblongo, cordato, antice posticeque punctato, postice utrinque obsolete foveolato, angulis posticis rectis; elytris oblongis, piceis, striato-punctatis, punctisque duobus impressis; macula postica antennisque rufis; pedibus pallide testaceis.

Peryphus Bipunctatus. Dahl.

Long. 2 ½ lignes. Larg. 1 ligne.

Il est un peu plus petit que le *Brunnipes*, proportionnellement un peu plus allongé, et sa couleur est en-dessus d'un brun noirâtre sur la tête et le corselet, et d'un brun un peu roussâtre sur les élytres. La tête est un peu plus étroite que celle du *Brunnipes*. Les antennes sont entièrement d'une couleur testacée assez rougeâtre. Le corselet est un peu plus étroit, et le bord antérieur est couvert de points enfoncés aussi marqués que ceux de la base. Les élytres sont un peu plus étroites; elles ont vers le bord extérieur, à peu près aux deux tiers de leur longueur, une tache arrondie assez grande, d'une couleur testacée un peu roussâtre; elles sont striées à peu près de la même manière; le premier point enfoncé du troisième intervalle est placé au quart, et le second à peu près au milieu des élytres; ils sont tous les deux petits et peu distincts. Le dessous du corps est d'un brun un peu roussâtre. Les pattes sont d'une couleur testacée assez pâle.

Il se trouve en Sicile, et il m'a été envoyé par M. Dahl, sous le nom de *Peryphus Bipunctatus*.

100. B. Elongatum.

Supra obscure viridi-æneum; thorace oblongo, subcordato, antice posticeque punctato, postice utrinque obsolete foveolato, angulis posticis rectis; elytris oblongis, profunde striato-punctatis, macula obsoleta postica testacea, punctisque duobus impressis; antennarum basi pedibusque pallide testaceis.

Peryphus Elongatus. DEJ. *Cat.* p. 17.

Long. 2 lignes. Larg. $\frac{3}{4}$ ligne.

Il est beaucoup plus petit que le *Brunnipes*, proportionnellement plus allongé, et sa couleur est en-dessus d'un vert-bronzé obscur, quelquefois un peu brunâtre sur les élytres. La tête est allongée, presque triangulaire, et elle a de chaque côté, entre les antennes, une impression longitudinale assez fortement marquée. Les mandibules sont d'un brun un peu roussâtre. Les palpes sont d'un jaune testacé, avec le pénultième article des maxillaires d'un brun noirâtre. Les antennes sont à peu près de la longueur de la moitié du corps; le premier article et la base des deux suivants sont d'une couleur testacée assez pâle; le reste est d'un brun noirâtre. Les yeux sont noirâtres, assez gros et assez saillants, ce qui fait paraître la tête rétrécie postérieurement. Le corselet est un peu plus large que la tête, aussi long que large, légèrement arrondi sur les côtés antérieurement, peu rétréci postérieurement, presque cordiforme et assez convexe; il a quelques rides transversales ondulées, à peine distinctes; la ligne longitudinale du milieu est assez marquée; les deux impressions transversales sont peu apparentes; il a de chaque côté de la base une petite impression oblongue très-peu marquée; toute la base et le bord antérieur sont couverts de points enfoncés assez gros et assez fortement marqués; le bord antérieur est très-légèrement échancré et coupé presque carrément; les angles antérieurs sont presque arrondis; les côtés sont légèrement rebordés; ils tombent carrément sur la base et forment avec elle un angle droit; la base est coupée carrément. Les élytres sont plus larges que le corselet, en ovale très-allongé et légèrement convexes; elles ont près du bord extérieur, à peu près aux deux tiers de leur longueur, une tache assez grande, presque transversale, d'un jaune testacé un peu brunâtre, souvent peu distincte et qui quelquefois même se confond avec la couleur du fond des élytres; les stries sont assez marquées, très-fortement ponctuées, surtout vers la base, presque effacées vers l'extrémité et disposées à peu près comme celles du *Brunnipes;* les deux points du troisième intervalle sont peu distincts, et se confondent presque avec ceux des stries; la partie postérieure des élytres est ordinairement un peu brunâtre. Le dessous du corps est d'un brun noirâtre. Les pattes sont d'un jaune-testacé assez pâle.

Il se trouve communément en Espagne, dans le midi et dans les parties orientales de la France. Je l'ai pris aussi en Styrie et en Dalmatie.

HUITIÈME DIVISION.

Leja. *Megerle.*

101. B. Lævigatum.

Supra viridi-æneum, nitidum; thorace transverso, subquadrato, postice subangustato, utrinque foveolato, angulis posticis rectis; elytris oblongo-ovatis, striis antice profunde punctatis, postice obsoletis; antennarum basi, tibiis tarsisque testaceis; femoribus fusco-æneis.

Say. *Transactions of the American phil. Society. new series.* II. pag. 84. n° 3.

Long. 3 lignes. Larg. 1 ligne.

Il est un peu plus grand que le *Laticolle*, et sa couleur est en-dessus d'un vert-bronzé assez brillant. La tête est assez allongée, presque triangulaire, et elle a de chaque côté, entre les antennes, une impression longitudinale assez marquée. Les mandibules sont d'un brun un peu roussâtre. Les palpes sont d'un jaune testacé; les deux derniers articles des maxillaires manquent dans l'individu que je possède. Les antennes sont à peu près de la longueur de la moitié du corps; les trois premiers articles et la base du quatrième sont d'un jaune testacé; les autres sont d'un brun noirâtre. Les yeux sont noirâtres, assez grands et à peine saillants. Le corselet est plus large que la tête, moins long que large, transversal, presque carré, arrondi antérieurement sur les côtés, un peu rétréci postérieurement et assez convexe; il a quelques rides transversales ondulées, à peine distinctes; la ligne longitudinale est assez marquée; l'impression transversale antérieure est assez distincte et forme un angle sur la ligne du milieu; la postérieure est plus fortement marquée; il a de chaque côté de la base une impression arrondie assez grande et assez profonde; le bord antérieur est très-légèrement échancré et presque coupé carrément; les angles antérieurs sont arrondis; les côtés sont rebordés et assez fortement relevés; ils se redressent près de la base et forment avec elle un angle droit, dont le sommet est assez aigu; la base est coupée presque carrément. Les élytres sont plus larges que le corselet, en ovale allongé et légèrement convexes; les stries sont assez fortement marquées et très-fortement ponctuées depuis la base jusqu'à la moitié des élytres, et presque entièrement effacées depuis le milieu jusqu'à l'extrémité; la septième est presque entièrement effacée dans toute sa longueur; avec une forte loupe on aperçoit dans les intervalles quelques petits points enfoncés à peine distincts. Le dessous du corps est d'un noir un peu bleuâtre. Les cuisses sont d'un brun-noirâtre légèrement bronzé. Les jambes et les tarses sont d'un jaune-testacé un peu roussâtre.

Il se trouve dans l'Amérique septentrionale, sur les bords du Missouri, et il m'a été envoyé par M. Say.

102. B. Nigrum.

Supra nigro-subæneum; thorace subtransverso, quadrato, pos-

tice utrinque foveolato, angulis posticis rectis; elytris oblongo-ovatis, profunde striato-punctatis, punctisque duobus impressis; antennarum basi pedibusque rufo-testaceis.

STURM. *Catal.* pag. 100.

SAY? *Transactions of the American phil. Society. new series.* II. p. 85. n° 6.

Tachys Niger. MELSH. *Catal.*

Long. 1 $\frac{3}{4}$ ligne. Larg. $\frac{3}{4}$ ligne.

Il est à peu près de la grandeur du *Celere*, et sa couleur est en-dessus d'un noir légèrement bronzé. La tête est presque triangulaire, et elle a de chaque côté, entre les antennes, une impression longitudinale assez fortement marquée. Les mandibules sont d'un brun roussâtre. Les palpes sont entièrement d'un jaune-testacé un peu rougeâtre. Le premier article des antennes et la base du quatrième sont de la couleur des palpes; le reste est d'un brun noirâtre. Les yeux sont noirâtres, assez grands et peu saillants. Le corselet est plus large que la tête, moins long que large, assez court, presque transversal, carré, très-légèrement arrondi sur les côtés antérieurement, à peine rétréci postérieurement et peu convexe; il a quelques rides transversales ondulées, à peine distinctes; la ligne longitudinale est fine, peu marquée et ne dépasse guère les deux impressions transversales; l'antérieure est peu distincte; la postérieure est assez fortement marquée et forme un angle sur la ligne du milieu; il a de chaque côté de la base une petite impression presque arrondie et assez profonde; le bord antérieur est légèrement échancré; les angles antérieurs sont obtus; les côtés sont assez fortement rebordés; ils tombent carrément sur la base et forment avec elle un angle droit; la base est coupée un peu obliquement sur les côtés, et presque carrément dans son milieu. Les élytres sont plus larges que le corselet, en ovale allongé et légèrement convexes; les stries sont fortement marquées et très-fortement ponctuées; la première est entière et se réunit à la huitième le long du bord extérieur; les seconde, troisième et quatrième sont aussi presque entières, mais leur extrémité est très-peu marquée et presque effacée; les cinquième, sixième et septième sont plus courtes; on aperçoit vers l'extrémité une portion de strie assez marquée, qui paraît être le prolongement de la cinquième; les intervalles sont un peu relevés; on voit sur le troisième, près de la troisième strie, deux petits points enfoncés peu distincts: le premier à peu près au tiers, et le second aux deux tiers des élytres. Le dessous du corps est noir. Les pattes sont entièrement d'une couleur testacée un peu rougeâtre.

Je ne possède qu'un seul individu de cet insecte; il m'a été envoyé par M. Sturm, comme venant de l'Amérique septentrionale, et comme le *Nigrum* de Melsheimer et de son Catalogue. Je ne suis pas bien certain que le *Nigrum* de Say se rapporte à cette espèce.

103. B. Cayennense.

Supra viridi-æneum, nitidum; thorace quadrato, postice utrinque striato, angulis posticis rectis; elytris oblongo-ovatis, obsolete striato-punctatis, striis externis ad basin profunde punctatis; antennis rufo-testaceis; pedibus rufo-piceis.

Leja Cayennensis. Dej. *Cat.* p. 17.

Long. 1 $\frac{2}{3}$ ligne. Larg. $\frac{3}{4}$ ligne.

Il est à peu près de la grandeur du *Celere*, proportionnellement un peu plus large, et sa couleur est en-dessus d'un vert-bronzé assez brillant. La tête est presque triangulaire, et elle a de chaque côté, entre les antennes, une impression longitudinale assez fortement marquée. Les mandibules sont d'un brun noirâtre. Les palpes sont d'une couleur testacée assez obscure, avec le pénultième article des maxillaires d'un brun noirâtre. Les antennes sont un peu plus courtes que la moitié du corps, et d'une couleur testacée un peu roussâtre. Les yeux sont arrondis, très-gros et très-saillants, ce qui fait paraître la tête rétrécie postérieurement. Le corselet est à peu près de la largeur de la tête y compris les yeux, un peu moins long que large, carré, très-légèrement arrondi antérieurement sur les côtés, à peine rétréci postérieurement et presque plane; il a quelques rides transversales ondulées, à peine distinctes; la ligne longitudinale est fortement marquée; l'impression transversale antérieure est peu distincte et très-rapprochée du bord antérieur; la postérieure est fortement marquée et forme un angle sur la ligne du milieu; il a de chaque côté de la base une impression assez large et peu profonde, dans laquelle on remarque une strie longitudinale assez fortement marquée, qui forme une petite côte élevée, près de l'angle postérieur; le bord antérieur est très-légèrement échancré et presque coupé carrément; les angles antérieurs sont obtus et presque arrondis; les côtés sont assez fortement rebordés; ils tombent carrément sur la base et forment avec elle un angle droit, dont le sommet est assez aigu; la base est coupée presque carrément. Les élytres sont plus larges que le corselet, en ovale allongé et légèrement convexes; les stries sont très-légèrement ponctuées et très-peu marquées, surtout vers l'extrémité; la base des cinquième, sixième et septième est très-fortement ponctuée; on n'aperçoit pas de points enfoncés sur le troisième intervalle. Le dessous du corps est d'un noir un peu bleuâtre. Les pattes sont d'un brun un peu roussâtre.

Il se trouve à Cayenne.

104. B. Chalcopterum. *Ziegler.*

Supra virescente-æneum ; thorace subcordato, postice utrinque foveolato, angulis posticis rectis ; elytris oblongis, subtilissime striato-punctatis, punctisque duobus impressis ; femoribus tarsisque piceis, æneo-micantibus ; tibiis rufo-testaceis.

Leja Chalcoptera. Dej. *Cat.* p. 17.

Long. 1 ½, 2 lignes. Larg. ⅔, ¾ ligne.

Il ressemble beaucoup au *Celere,* mais il est ordinairement un peu plus grand, proportionnellement un peu plus allongé, et sa couleur est en-dessus d'un bronzé plus mat et un peu verdâtre. La tête est un peu plus allongée. Les antennes sont entièrement d'un brun noirâtre. Les yeux sont aussi grands, mais un peu moins saillants. Le corselet est moins arrondi antérieurement, moins rétréci postérieurement et un peu moins convexe; les rides transversales ondulées sont un peu plus distinctes; le fond de l'impression transversale postérieure et de celle que l'on voit de chaque côté de la base paraît un peu rugueux. Les élytres sont un peu plus allongées; les stries sont disposées à peu près de la même manière, mais elles sont moins marquées, très-finement ponctuées et moins complètement effacées vers l'extrémité; on voit de même deux points enfoncés sur le troisième intervalle, mais le premier est placé un peu avant le milieu, et le second à peu près aux deux tiers des élytres. Le dessous du corps est d'un noir un peu verdâtre. Les cuisses et les tarses sont d'un brun-obscur légèrement bronzé. Les jambes sont d'une couleur testacée un peu roussâtre.

Il se trouve dans les parties orientales de la France, en Autriche et en Volhynie.

105. B. AMBIGUUM. *Mihi.*

Supra æneum; thorace transverso, subquadrato, postice subangustato, utrinque foveolato, obsolete bistriato, angulis posticis rectis; elytris oblongis, striato-punctatis, punctisque duobus impressis; antennarum basi tibiisque testaceis; femoribus tarsisque obscurioribus.

Long. 1 ⅔ ligne. Larg. ⅔ ligne.

Il est un peu plus allongé que le *Celere,* et sa couleur est en-dessus d'un bronzé assez brillant. La tête est un peu plus allongée. Les palpes sont d'un brun roussâtre, avec les deux derniers articles des maxillaires d'un brun noirâtre. Les trois premiers articles des antennes et la base du quatrième sont entièrement d'une couleur testacée assez claire et un peu roussâtre. Les yeux sont aussi grands, mais un peu moins saillants. Le corselet est plus large que la tête, moins long que large, assez court, transversal, presque carré, légèrement arrondi antérieurement sur les côtés, un peu rétréci postérieurement et peu convexe; il est couvert de rides transversales ondulées, assez fortement marquées, et il a quelques stries longitudinales peu distinctes, le long du bord antérieur; la ligne longitudinale du milieu est fine et peu marquée; il a de chaque côté de la base une impression presque arrondie, assez grande et assez marquée, dans laquelle on remarque deux stries longitudinales à peine distinctes; le bord antérieur est très-légèrement échancré; les angles antérieurs sont obtus et presque arrondis; les côtés sont assez fortement rebordés; ils tombent carrément sur la base et forment avec elle un angle droit; la base est coupée carrément. Les élytres sont un peu plus allongées que celles du *Celere;* elles sont striées et ponctuées à peu près de la même manière, mais les stries sont un peu moins fortement ponctuées, et moins complètement effacées vers l'extrémité. Le dessous du corps est d'un noir un peu verdâtre. Les pattes sont d'une couleur testacée un peu roussâtre; les cuisses et les tarses sont un peu plus obscurs que les jambes.

Je ne possède qu'un seul individu de cette espèce; je l'ai trouvé en Espagne.

106. B. Nigricorne.

Supra æneum; thorace transverso, subcordato, postice utrinque foveolato, angulis posticis subrectis; elytris oblongo-ovatis, striato-punctatis, striis apice obsoletis, punctisque duobus impressis; antennis totis nigris; pedibus piceis.

Gyllenhal. iv. p. 402. n° 5-6.

SAHLBERG. *Dissert. entom. ins. Fennica.* p. 192. n° 7.

Long. 1 $\frac{1}{2}$ ligne. Larg. $\frac{2}{3}$ ligne.

Il ressemble beaucoup au *Celere* par la forme, la grandeur et la couleur, mais il me paraît constituer une espèce réellement distincte. Les antennes sont entièrement d'un noir un peu brunâtre. Le corselet est un peu plus court, presque transversal, moins arrondi antérieurement sur les côtés et moins rétréci postérieurement; les côtés tombent moins carrément sur la base et forment avec elle un angle moins droit et presque obtus. Les stries des élytres sont un peu moins fortement ponctuées, et les deux points enfoncés du troisième intervalle sont un peu moins marqués. Les pattes sont entièrement d'un brun-roussâtre assez obscur.

Il se trouve en Suède et en Laponie.

107. B. CELERE.

Supra æneum; thorace cordato, antice rotundato, postice coarctato, utrinque foveolato, angulis posticis rectis; elytris oblongo-ovatis, profunde striato-punctatis, striis apice obsoletis, punctisque duobus impressis; antennis basi obscure testaceis; pedibus rufo-testaceis; femoribus tarsisque plerumque obscurioribus, æneo-micantibus.

GYLLENHAL. II. p. 17. n° 5. et IV. p. 402. n° 5.
STURM. VI. p. 140. n° 22.
SAHLBERG. *Dissert. entom. ins. Fennica.* p. 192. n° 6.
Carabus Celer. FABR. *Sys. el.* I. pag. 210. n° 217.
SCH. *Syn. ins.* I. p. 223. n° 301.
Elaphrus Pygmæus. DUFTSCHMID. II. p. 221. n° 50.
Leja Pygmæa. DEJ. *Cat.* p. 17.
Carabus Rufipes. OLIV. III. 35. p. 112. n° 158. T. 14. fig. 164. a. b.
Elaphrus Properans. ILLIGER.

Long. 1 $\frac{1}{4}$, 1 $\frac{2}{3}$ ligne. Larg. $\frac{2}{3}$, $\frac{3}{4}$ ligne.

Il est un peu plus petit que l'*Ustulatum*, et sa couleur est en-dessus d'un bronzé plus ou moins brillant, plus ou moins obscur et quelquefois même presque noirâtre. La tête est peu allongée, presque triangulaire, et elle a de chaque côté, entre les antennes, une impression longitudinale assez fortement marquée. Les mandibules et les palpes sont d'un brun noirâtre. Les antennes sont un peu plus courtes que la moitié du corps et d'un brun noirâtre, avec la base des premiers articles, au moins en-dessous, d'une couleur roussâtre plus ou moins obscure. Les yeux sont noirâtres, très-gros et assez saillants, ce qui fait paraître la tête rétrécie postérieurement. Le corselet est un peu plus large que la tête, moins long que large, très-arrondi sur les côtés antérieurement, très-rétréci brusquement près de la base, fortement cordiforme et assez convexe; il a quelques lignes transversales ondulées, à peine distinctes; la ligne longitudinale est assez fine et peu marquée; l'impression transversale antérieure est assez distincte, et forme presque un angle sur la ligne du milieu; la postérieure est assez fortement marquée; il a de chaque côté de la base une impression arrondie assez profonde, et au milieu quelques points enfoncés plus ou moins marqués; le bord antérieur est coupé presque carrément; les angles antérieurs sont obtus et presque arrondis; les côtés sont assez fortement rebordés; ils tombent carrément sur la base et forment avec elle un angle droit; la base est coupée presque carrément. Les élytres sont un peu plus larges que le corselet, en ovale allongé et légèrement convexes; les stries sont assez marquées, ordinairement fortement ponctuées, mais quelquefois assez légèrement; la première et la huitième sont entières et se réunissent le long du bord extérieur; toutes les autres sont entièrement effacées vers l'extrémité; les extérieures sont un peu plus courtes que les intérieures, et ne dépassent guère la moitié des élytres; les intervalles sont planes; on voit sur le troisième, près de la troisième strie, deux points enfoncés assez marqués : le premier au quart des élytres, et le second à peu près aux deux tiers. Le dessous du corps est d'un noir assez brillant, quelquefois un peu bleuâtre. Les pattes sont d'une couleur testacée plus ou moins rougeâtre; les cuisses et les tarses sont ordinairement plus obscurs et souvent légèrement bronzés.

Il se trouve très-communément sous les pierres, dans presque toute l'Europe et en Sibérie.

108. B. Pyrenæum. *Mihi.*

Supra nigro-æneum; thorace cordato, postice obsolete punctato, utrinque foveolato, angulis posticis rectis; elytris oblongo-ovatis, tenue striato-punctatis, striis apice obsoletis, punctisque duobus impressis; antennis pedibusque nigris.

Long. 1 ½ ligne. Larg. ⅔ ligne.

Il est ordinairement plus petit que le *Celere*, et sa couleur est en-dessus d'un bronzé plus obscur et souvent presque noir. Le corselet est moins large et moins arrondi antérieurement, moins brusquement rétréci postérieurement, moins convexe et presque plane; la ligne longitudinale du milieu est un peu plus marquée; toute la base est couverte de petits points enfoncés à peine distincts; le bord antérieur est coupé moins carrément et légèrement échancré. Les élytres sont moins convexes et presque planes; elles sont striées et ponctuées à peu près de la même manière, mais les stries sont moins marquées et très-légèrement ponctuées; le premier point enfoncé du troisième intervalle est placé un peu plus bas. Le dessous du corps est d'un noir un peu bleuâtre. Les antennes et les pattes sont entièrement noires.

Je l'ai trouvé assez communément dans les Pyrénées orientales.

109. B. Decipiens. *Mihi.*

Capite thoraceque viridi-æneis; thorace cordato, postice utrinque foveolato, angulis posticis rectis; elytris oblongo-ovatis, fusco-æneis, striato-punctatis, punctisque duobus impressis; maculis lineolisque numerosis confusis, antennarum basi pedibusque pallide testaceis.

Long. 1 $\frac{1}{3}$ ligne. Larg. $\frac{1}{2}$ ligne.

Il ressemble au *Sturmii*, mais il est un peu plus grand. La tête et le corselet sont d'un vert-bronzé assez brillant. La tête est un peu plus grande, et les deux impressions longitudinales que l'on voit entre les antennes sont un peu moins marquées, moins obliques et ne paraissent pas se réunir antérieurement. Les trois premiers articles des antennes et la base du quatrième sont d'un jaune-testacé assez pâle. Les yeux sont un peu plus gros et plus saillants. Le corselet est un peu moins court, et l'impression de chaque côté de la base est un peu moins marquée. Les élytres ont à peu près la même forme et sont d'un brun légèrement bronzé; elles ont à peu près les mêmes taches, mais ces taches sont moins distinctes et plus confuses, surtout vers la base; elles sont striées et ponctuées à peu près de la même manière. Le dessous du corps est noir. Les pattes sont entièrement d'un jaune-testacé assez pâle.

Il se trouve dans l'Amérique septentrionale, et il m'a été envoyé par M. Leconte.

110. B. Sturmii.

Capite thoraceque nigro-subæneis; thorace cordato, postice utrinque foveolato, angulis posticis rectis; elytris oblongo-ovatis, nigro-piceis, striato-punctatis, punctis duobus impressis; maculis lineolisque numerosis, antennarum basi pedibusque pallide testaceis.

Sturm. vi. p. 174. n° 43.
Carabus Sturmii. Panzer. *Fauna german.* 89. n° 9.
Sch. *Syn. ins.* i. p. 224. n° 308.

Leja Sturmii. DEJ. *Cat.* p. 17.
Carabus Lineolatus. CREUTZER.

Long. 1 ¼ ligne. Larg. ½ ligne.

Il est plus petit que le *Celere.* La tête est d'un noir assez brillant et légèrement bronzé, assez grande, triangulaire, et elle a, entre les antennes, deux impressions longitudinales fortement marquées, qui se réunissent presque antérieurement. Les mandibules sont d'un brun un peu roussâtre. Les palpes sont d'une couleur testacée plus ou moins obscure, avec le pénultième article des maxillaires d'un brun noirâtre. Les antennes sont à peu près de la longueur de la moitié du corps; leur premier article et la base des deux suivants sont d'un jaune-testacé assez pâle et un peu roussâtre; le reste est d'un brun noirâtre. Les yeux sont noirâtres, très-grands et assez saillants. Le corselet est de la couleur de la tête, un peu plus large qu'elle, moins long que large, arrondi antérieurement sur les côtés, rétréci postérieurement, cordiforme et légèrement convexe; il a quelques rides transversales ondulées, à peine distinctes; la ligne longitudinale du milieu est fine et peu marquée; l'impression transversale antérieure est en arc de cercle et peu apparente; la postérieure est assez fortement marquée, et son fond paraît un peu rugueux; il a de chaque côté de la base une petite impression oblongue, assez marquée; le bord antérieur est légèrement échancré; les angles antérieurs sont obtus et presque arrondis; les côtés sont assez fortement rebordés; ils tombent carrément sur la base et forment avec elle un angle droit; la base est coupée presque carrément. Les élytres sont d'un noir un peu brunâtre, plus larges que le corselet, en ovale allongé et légèrement convexes; elles ont à leur partie antérieure plusieurs lignes ou taches longitudinales d'un jaune-testacé assez pâle; une tache assez grande, presque arrondie, de la même couleur, près du bord extérieur, à peu près aux trois quarts des élytres et une autre tout-à-fait à l'extrémité; ces taches sont quelquefois bien marquées, quelquefois peu distinctes et presque confondues avec le fond de la couleur des élytres; les stries sont bien marquées et assez fortement ponctuées; leur extrémité est moins distincte et presque effacée; les intervalles sont planes; on voit sur le troisième, près de la troisième strie, deux points enfoncés assez distincts : le premier au tiers, et le second à peu près aux deux tiers des élytres. Le dessous du corps est noir. Les pattes sont entièrement d'un jaune-testacé assez pâle.

Il se trouve assez communément au bord des eaux, en France, en Espagne, en Allemagne, en Autriche, en Dalmatie et dans les provinces méridionales de la Russie.

111. B. Maculatum.

Nigrum; thorace cordato, postice utrinque foveolato, angulis posticis rectis; elytris oblongo-ovatis, striato-punctatis, punctisque duobus impressis, maculis numerosis pallide testaceis.

Leja Maculata. Dej. *Cat.* p. 17.

Long. 1 ¼ ligne. Larg. ½ ligne.

Il ressemble au *Sturmii*, mais il est ordinairement un peu plus grand, proportionnellement un peu plus large, et sa couleur est en-dessus d'un noir un peu plus brillant, mais nullement bronzé. La tête est un peu plus large. Les mandibules, les palpes et les antennes sont entièrement d'un brun noirâtre. Les yeux sont un peu plus saillants. Le corselet est un peu plus large, ce qui le fait paraître un peu plus court. Les élytres sont plus noires, mais cependant d'une couleur moins brillante que la tête et le corselet; elles sont un peu plus larges et moins allongées; les taches antérieures sont un peu plus grandes, ce qui les fait paraître moins allongées, et souvent elles sont réunies; la tache que l'on voit aux trois quarts des élytres est aussi plus grande; celle de l'extrémité est au contraire moins marquée et souvent presque effacée; elles sont striées et ponctuées à peu près de la même manière, et elles ont deux points enfoncés placés de la même manière sur le troisième intervalle. Le dessous du corps et les pattes sont noirs.

Il se trouve assez communément en Espagne et dans le midi de la France; je l'ai pris aussi en Dalmatie.

112. B. Rivulare.

Capite thoraceque nigro-æneis; thorace cordato, antice subrotundato, postice subcoarctato, utrinque foveolato, angulis posticis rectis; elytris oblongis, fusco-æneis, profunde striato-punctatis, punctisque duobus impressis; antennarum basi pedibusque rufo-piceis.

Sturm. *Cat.* p. 100.
Leja Unicolor. Ziegler.

Long. 1 $\frac{1}{3}$ ligne. Larg. $\frac{1}{2}$ ligne.

Il est un peu plus grand que le *Pusillum*. La tête et le corselet sont en-dessus d'un bronzé-obscur souvent presque noirâtre. La tête est presque triangulaire, et elle a de chaque côté, entre les antennes, une impression longitudinale fortement marquée. Les mandibules et les palpes sont d'un brun noirâtre. Les antennes sont à peu près de la longueur de la moitié du corps; leur premier article et la base des deux ou trois suivants sont d'un brun un peu roussâtre; le reste est d'un brun noirâtre. Les yeux sont noirâtres, assez gros et assez saillants, ce qui fait paraître la tête rétrécie postérieurement. Le corselet est un peu plus large que la tête, presque aussi long que large, assez fortement arrondi antérieurement sur les côtés, très-rétréci postérieurement, fortement cordiforme et assez convexe; il a quelques rides transversales ondulées, à peine distinctes; la ligne longitudinale du milieu est fine et peu marquée; l'impression transversale antérieure est à peine distincte;

la postérieure est assez fortement marquée; il a de chaque côté de la base une petite impression oblongue assez profonde; le fond de cette impression et le milieu de la base sont légèrement rugueux; le bord antérieur est très-légèrement échancré; les angles antérieurs sont obtus et presque arrondis; les côtés sont assez fortement rebordés; ils se redressent près de la base et forment avec elle un angle droit; la base est coupée carrément. Les élytres sont d'un brun plus ou moins obscur, quelquefois presque roussâtres, quelquefois presque jaunâtres, et brillantées d'un reflet bronzé beaucoup plus apparent et plus foncé au milieu que sur les bords; elles sont plus larges que le corselet, assez allongées, légèrement ovales et peu convexes; les stries sont disposées à peu près comme celles du *Pusillum*; mais elles sont plus marquées et plus fortement ponctuées; les deux points enfoncés du troisième intervalle sont placés de la même manière. Le dessous du corps est noir. Les pattes sont d'un brun-obscur un peu roussâtre.

Il se trouve communément dans le midi de la France. M. Sturm me l'a envoyé comme le *Rivulare* de son Catalogue. Je l'ai reçu de M. Ullrich, sous le nom de *Leja Unicolor* de Ziegler, et comme venant des environs de Trieste.

J'ai confondu pendant long-temps cet insecte avec le *Normannum*, et je l'ai envoyé sous ce nom à plusieurs de mes correspondants; mais je me suis aperçu depuis qu'il formait une espèce réellement différente.

113. B. Normannum.

Supra obscure viridi-æneum; thorace cordato, postice utrinque foveolato, angulis posticis rectis; elytris oblongis, profunde striato-punctatis, punctisque duobus impressis, apice rufo-piceis; antennarum basi pedibusque rufis.

Leja Normanna. Dej. *Cat.* p. 17.

Long. 1 $\frac{1}{3}$ ligne. Larg. $\frac{1}{2}$ ligne.

Il est un peu plus grand que le *Pusillum*, proportionnellement plus allongé, et sa couleur est en-dessus d'un vert-bronzé assez obscur. La tête est à peu près comme celle du *Pusillum*. Les mandibules sont d'un brun roussâtre. Les palpes sont de la même couleur, avec le pénultième article des maxillaires d'un brun noirâtre. Le premier article des antennes et la base des deux suivants sont d'un rouge testacé; le reste est d'un brun noirâtre. Le corselet est un peu plus étroit et moins arrondi antérieurement. Les élytres sont un peu moins ovales et plus allongées; leur partie postérieure est d'un brun un peu roussâtre; les stries sont disposées à peu près de la même manière, mais elles sont plus marquées, très-fortement ponctuées et plus complètement effacées vers l'extrémité; les deux points enfoncés du troisième intervalle sont placés de la même manière. Le dessous du corps est noir. Les pattes sont entièrement d'un rouge testacé.

Il se trouve en France, principalement dans les parties méridionales.

114. B. Pusillum.

Supra nigro-subæneum; thorace cordato, postice utrinque foveolato, angulis posticis rectis; elytris oblongo-ovatis, striato-punctatis, punctisque duobus impressis, macula postica rufo-testacea sæpe obsoleta; antennarum basi pedibusque piceis.

Gyllenhal. iv. p. 403. n° 5-6.
Sahlberg. *Dissert. ent. ins. Fennica.* p. 193. n° 9.
B. Atratum. Sturm. *Catal.* p. 100.
Leja minuta. Dej. *Cat.* p. 17.
Var. *Leja Doris.* Dej. *Cat.* p. 17.

Long. 1 $\frac{1}{4}$ ligne. Larg. $\frac{1}{2}$ ligne.

Il est plus petit que le *Celere*, et sa couleur est en-dessus d'un noir assez brillant, quelquefois légèrement bronzé. La tête est presque triangulaire, et elle a de chaque côté, entre les antennes, une impression longitudinale assez fortement marquée. Les mandibules sont d'un brun noirâtre à la base et roussâtres à l'extrémité. Les palpes sont d'un brun noirâtre. Les antennes sont un peu plus courtes que la moitié du corps; leurs trois ou quatre premiers articles sont d'un brun-obscur plus ou moins roussâtre; les autres sont d'un brun noirâtre. Les yeux sont noirâtres, assez gros et assez saillants, ce qui fait paraître la tête rétrécie postérieurement. Le corselet est plus large que la tête, moins long que large, arrondi antérieurement sur les côtés, rétréci postérieurement, fortement cordiforme et légèrement convexe; il a quelques rides transversales ondulées, à peine distinctes; la ligne longitudinale du milieu est fine et peu marquée; l'impression transversale antérieure est à peine sensible; la postérieure est assez marquée; il a de chaque côté de la base une petite impression oblongue assez marquée, qui forme presque une côte élevée, près de l'angle postérieur; avec une forte loupe toute la base paraît couverte de points enfoncés peu distincts; le bord antérieur est très-légèrement échancré et coupé presque carrément; les angles antérieurs sont obtus et presque arrondis; les côtés sont assez fortement rebordés; ils se redressent près de la base et forment avec elle un angle droit; la base est coupée carrément. Les élytres sont plus larges que le corselet, en ovale allongé et légèrement convexes; elles ont chacune vers le bord extérieur, à peu près aux trois quarts de leur longueur, une tache arrondie assez grande, d'un jaune testacé; cette tache est quelquefois très-distincte, et c'est à cette variété qu'il faut rapporter la *Leja Doris* de mon Catalogue; quelquefois elle est très-peu marquée et souvent même complètement effacée; les stries sont assez marquées, bien distinctement ponctuées, et presque entièrement effacées vers l'extrémité; les intervalles sont planes; on voit sur le troisième, près de la troisième strie, deux petits points enfoncés assez distincts : le premier au tiers, et le second à peu près aux deux tiers des élytres. Le dessous du corps est noir. Les pattes sont d'un brun-noirâtre, quelquefois un peu roussâtre.

Il se trouve assez communément au bord des eaux, dans presque toute l'Europe.

Les individus que l'on trouve dans les parties méridionales ont ordinairement la tache des élytres bien distincte, et sont d'une couleur plus ou moins bronzée; ceux que l'on prend en Suède et dans le nord de l'Europe sont tout-à-fait noirs, et la tache des élytres est presque entièrement effacée.

115. B. Kollari. *Mihi.*

Nigrum; thorace cordato, postice utrinque foveolato, angulis posticis rectis; elytris oblongo-ovatis, striato-punctatis, punctisque duobus impressis; antennarum basi pedibusque rufo-testaceis.

B. Gilvipes. Kollar. Sturm. *Catal.* p. 100.

Long. 1 $\frac{1}{4}$ ligne. Larg. $\frac{1}{2}$ ligne.

Il ressemble beaucoup au *Pusillum*, et n'en est peut-être qu'une variété. Sa couleur est entièrement en-dessus d'un noir assez brillant. La tache des élytres est entièrement effacée. Les deux premiers articles des antennes, la base du troisième et les pattes sont d'une couleur testacée un peu rougeâtre.

Il m'a été envoyé par M. Sturm, comme venant de la Bucovine, sous le nom de *Gilvipes* de Kollar et de son Catalogue.

Cet insecte ne me paraît avoir aucun rapport avec le *Gilvipes* décrit dans Sturm, page 149, n° 28.

116. B. Mannerheimii.

Supra nigro-subæneum; thorace breviore, subcordato, postice utrinque foveolato, angulis posticis rectis; elytris oblongo-ovatis, profunde striato-punctatis, striis postice obsoletis, punctisque duobus impressis; antennarum basi pedibusque rufo-testaceis.

Sahlberg. *Dissert. entom. ins. Fennica.* pag. 201. n° 26.

Long. 1 ligne. Larg. ½ ligne.

Il est un peu plus petit que le *Pusillum*, proportionnellement un peu moins allongé, et sa couleur est en-dessus d'un noir assez brillant, ordinairement un peu bronzé, surtout sur la tête et le corselet. La tête est à peu près comme celle du *Pusillum*. Les mandibules sont d'un brun roussâtre. Les palpes sont d'un brun noirâtre. Les deux premiers articles des antennes et la base des troisième et quatrième sont d'une couleur testacée un peu rougeâtre. Les yeux sont moins saillants. Le corselet est un peu plus court, moins arrondi antérieurement sur les côtés, moins rétréci postérieurement et moins cordiforme; les rides transversales ondulées et l'impression transversale antérieure sont un peu plus distinctes; la base est un peu rugueuse; les angles postérieurs sont coupés carrément, quoique Sahlberg dise dans sa description *angulis rotundatis*. Les élytres sont un peu moins allongées, un peu plus ovales et un peu plus convexes; les stries sont plus fortement marquées et plus fortement ponctuées; leur extrémité, surtout celle des extérieures, est plus complètement effacée; les deux points enfoncés du troisième intervalle sont peu distincts, et placés à peu près de la même manière. Le dessous du corps est noir. Les pattes sont entièrement d'une couleur testacée un peu rougeâtre.

Il se trouve assez communément en Finlande, sous les pierres.

117. B. Cognatum. *Mihi.*

Supra nigro-æneum, thorace cordato, postice utrinque foveolato, angulis posticis rectis; elytris oblongo-ovatis, striato-punctatis, punctisque duobus impressis; macula postica, tibiis tarsisque obscure rufo-testaceis.

Long. 1 ¼ ligne. Larg. ½ ligne.

Il est à peu près de la grandeur du *Pusillum*, et sa couleur est en-dessus d'un noir un peu bronzé, surtout sur la tête et le corselet. La tête est assez grande, presque triangulaire, et elle a de chaque côté, entre les antennes, une impression longitudinale un peu oblique et fortement marquée. Les mandibules sont d'un brun un peu roussâtre. Les palpes et les antennes sont d'un brun noirâtre. Les yeux sont noirâtres et assez saillants. Le corselet est plus large que la tête, moins long que large, assez court, arrondi sur les côtés antérieurement, rétréci postérieurement, légèrement cordiforme et peu convexe; il a quelques rides transversales ondulées, qui sont assez distinctes sur les bords de la ligne longitudinale du milieu; celle-ci est assez marquée; l'impression transversale antérieure est à peine sensible; la postérieure est assez marquée; il a de chaque côté de la base une petite impression oblongue assez profonde; le fond, les bords de cette impression et toute la base paraissent un peu rugueux; le bord antérieur est très-légèrement échancré; les angles antérieurs sont obtus; les côtés sont assez fortement rebordés; ils se redressent près de la base et forment avec elle un angle droit; la base est coupée carrément. Les élytres sont plus larges que le corselet, en ovale allongé et légèrement convexes; elles ont chacune près du bord extérieur, à peu près aux trois quarts de leur longueur, une tache presque arrondie, peu distincte, d'une couleur testacée un peu rougeâtre; l'extrémité paraît aussi un peu brunâtre; les stries sont assez marquées et assez fortement ponctuées dans presque toute leur longueur; leur extrémité seulement est moins distincte et presque effacée; les intervalles sont planes; on voit sur le troisième, près de la troisième strie, deux points enfoncés bien distincts : le premier au tiers, et le second aux deux tiers des élytres. Le dessous du corps est noir. Les cuisses sont d'un brun noirâtre. Les jambes et les tarses sont d'une couleur testacée-obscure un peu roussâtre.

Je ne possède qu'un seul individu de cet insecte; il m'a été envoyé par M. Höpfner, comme venant du Mexique.

118. B. Pulchrum.

Supra nigro-subæneum; thorace cordato, postice utrinque foveolato, angulis posticis rectis; elytris oblongo-ovatis, striato-punctatis, punctisque duobus impressis; macula humerali tibiisque testaceis.

Gyllenhal. iv. p. 409. n° 9–10.
B. Bellum. Sahlberg. *Dissert. ent. ins. Fennica.* p. 199. n° 21.

Long. 1 $\frac{1}{4}$ ligne. Larg. $\frac{1}{2}$ ligne.

Il est à peu près de la grandeur du *Pusillum*, et sa couleur est en-dessus d'un noir assez brillant très-légèrement bronzé. La tête est assez grande, presque triangulaire, et elle a de chaque côté, entre les antennes, une impression longitudinale assez marquée. Les mandibules sont d'un brun un peu roussâtre. Les palpes sont d'un brun noirâtre. Les antennes sont entièrement de cette dernière couleur, et un peu plus courtes que la moitié du corps. Les yeux sont noirâtres, très-gros et assez saillants, ce qui fait paraître la tête rétrécie postérieurement. Le corselet est un peu plus large que la tête, moins long que large, très-arrondi sur les côtés antérieurement, rétréci brusquement postérieurement, fortement cordiforme et assez convexe; il a quelques rides transversales ondulées, à peine distinctes; la ligne longitudinale du milieu est fine et peu marquée; l'impression transversale antérieure est à peine sensible; la postérieure est assez fortement marquée; il a de chaque côté de la base une petite impression oblongue assez distincte; le milieu de la base est couvert de points enfoncés peu apparents; le bord antérieur est coupé presque carrément; les angles antérieurs sont arrondis; les côtés sont rebordés; ils tombent carrément sur la base et forment avec elle un angle droit; la base est coupée carrément. Les élytres sont plus larges que le corselet, en ovale allongé et légèrement convexes; elles ont vers l'angle de la base une tache presque arrondie, d'un jaune testacé; les stries sont assez marquées, bien distinctement ponctuées, et presque effacées vers l'extrémité; les intervalles sont planes; on voit sur le troisième, près de la troisième strie, deux petits points enfoncés à peine distincts : le premier au quart, et le second à peu près aux deux tiers des élytres. Le dessous du corps et les cuisses sont noirs. Les jambes sont d'un jaune-testacé assez pâle ; leur base, leur extrémité et les tarses sont d'un brun obscur.

Il se trouve en Finlande.

119. B. Lepidum. *Mihi.*

Supra nigro-cyaneum; thorace cordato, antice, postice medioque punctato, postice utrinque foveolato, angulis posticis rectis; elytris oblongo-ovatis, striato-punctatis, punctisque duobus impressis; postice, antennarum basi pedibusque rufo-testaceis.

Long. 1 ligne. Larg. $\frac{1}{3}$ ligne.

Il est un peu plus petit que le *Pusillum*, et sa couleur est en-dessus d'un noir bleuâtre, assez brillant sur la tête et le corselet, et plus terne sur les élytres. La tête est assez grande et presque triangulaire; elle a de chaque côté, entre les antennes, une impression longitudinale assez marquée, et quelques points enfoncés dans son milieu. Les mandibules sont d'un brun roussâtre. Les palpes sont de la même couleur, avec le pénultième article des maxillaires d'un brun-noirâtre. Les antennes sont un peu plus courtes que la moitié du corps; leurs deux premiers articles et la base des deux suivants sont d'un rouge testacé; le reste est d'un brun noirâtre. Les yeux sont noirâtres, assez grands et assez saillants. Le corselet est à peine plus large que la tête y compris les yeux, presque aussi long que large, très-légèrement arrondi antérieurement sur les côtés, rétréci postérieurement, cordiforme et assez convexe; la ligne longitudinale est fine et peu marquée; le bord antérieur et la base sont couverts de petits points enfoncés assez distincts, qui se réunissent en se prolongeant le long de la ligne du milieu; l'impression transversale antérieure est à peine sensible ; la postérieure est assez marquée ; il a de chaque côté de la base une impression oblongue assez profonde, dont le fond est un peu rugueux ; le bord antérieur est très-légèrement échancré, et coupé presque carrément ; les angles antérieurs sont presque arrondis ; les côtés sont assez fortement rebordés ; ils tombent carrément sur la base et forment avec elle un angle droit ; la base est coupée carrément. Les élytres sont plus larges que le corselet, en ovale allongé et assez convexes ; leur partie postérieure est entièrement d'un rouge testacé ; cette couleur remonte presque jusqu'à la moitié des élytres, et se fond insensiblement avec celle de la base ; les stries sont assez marquées, bien distinctement ponctuées, et presque effacées vers l'extrémité ; on voit sur le troisième intervalle, près de la troisième strie, deux petits points enfoncés peu distincts : le premier au tiers, et le second à peu près aux deux tiers des élytres. Le dessous du corps est noir. Les pattes sont entièrement d'un rouge testacé.

Il se trouve dans le midi de la France, et il m'a été envoyé par M. Solier.

120. B. Doris.

Supra nigro-subcyanescens ; thorace subcordato, postice utrinque bifoveolato, angulis posticis rectis ; elytris oblongo-ovatis, striato-punctatis, punctisque duobus impressis ; macula postica, antennarum basi pedibusque rufescentibus.

Gyllenhal. II. p. 24. n° 11. et IV. p. 410. n° 11.
Sturm. VI. p. 170. n° 41.
Sahlberg. *Dissert. entom. ins. Fennica.* p. 200. n° 23.
Elaphrus Doris. Illiger. *Kæfer Preus.* I. p. 232. n° 16.
Duftschmid. II. p. 219. n° 37.
Carabus Doris. Sch. *Syn. ins.* I. p. 224. n° 305.
Leja Terminata. Dej. *Cat.* p. 17.
Leja Angusticollis. Dej. *Cat.* p. 17.
Var. *Carabus Minutus.* Fabr. *Sys. el.* I. p. 210. n° 218.

SCH. *Syn. ins.* I. p. 224. nº 304.
Elaphrus Minutus. DUFTSCHMID. II. p. 220. nº 38.

Long. 1 $\frac{1}{2}$ ligne. Larg. $\frac{2}{3}$ ligne.

Il est plus petit que le *Celere*, et sa couleur est en-dessus d'un noir assez brillant, quelquefois légèrement bleuâtre. La tête est assez grosse, presque triangulaire, et elle a, entre les antennes, deux impressions longitudinales très-fortement marquées, qui se réunissent presque antérieurement. Les mandibules sont d'un brun un peu roussâtre. Les palpes sont de la même couleur, avec le pénultième article des maxillaires d'un brun noirâtre. Les antennes sont un peu plus courtes que la moitié du corps; leur premier article et la base des deux suivants sont d'un rouge-testacé quelquefois assez clair, quelquefois un peu brunâtre; le reste est d'un brun noirâtre. Les yeux sont noirâtres, très-gros et assez saillants. Le corselet est à peine plus large que la tête y compris les yeux, un peu moins long que large, légèrement arrondi sur les côtés antérieurement, un peu rétréci postérieurement, légèrement cordiforme et peu convexe; il a quelques rides transversales ondulées, qui sont assez distinctes, surtout sur les bords de la ligne longitudinale du milieu; celle-ci est assez marquée; l'impression transversale antérieure est à peine sensible; la postérieure est un peu plus distincte; il a de chaque côté de la base, près de l'angle postérieur, une impression oblongue assez profonde, et une autre beaucoup plus petite et moins marquée de chaque côté de la ligne du milieu; le fond et les bords de ces impressions sont un peu rugueux; le bord antérieur est coupé presque carrément; les angles antérieurs sont obtus et presque arrondis; les côtés sont rebordés; ils tombent carrément sur la base et forment avec elle un angle droit, dont le sommet est assez aigu; la base est coupée carrément. Les élytres sont plus larges que le corselet, en ovale allongé et assez convexes; elles ont chacune près du bord extérieur, à peu près aux trois quarts de leur longueur, une tache arrondie d'une couleur testacée, quelquefois très-apparente et quelquefois à peine distincte; souvent la partie postérieure des élytres est de la même couleur, et quelquefois même elles sont entièrement d'un brun un peu roussâtre; c'est à cette variété qu'il faut rapporter le *Carabus Minutus* de Fabricius; les stries sont peu marquées, distinctement ponctuées, et presque effacées vers l'extrémité; les intervalles sont planes; on voit sur le troisième, près de la troisième strie, deux petits points enfoncés assez distincts : le premier au tiers, et le second à peu près aux deux tiers des élytres. Le dessous du corps est noir. Les pattes sont d'un rouge-testacé quelquefois un peu brunâtre.

Il se trouve en Suède, en Finlande, en Allemagne, en Autriche et en Volhynie.

121. B. Hypocrita. *Mihi.*

Supra nigro-subæneum; thorace subquadrato, postice subangustato, obsolete punctato, utrinque foveolato, angulis posticis rectis; elytris oblongo-ovatis, striato-punctatis, punctisque duobus impressis; antennis basi rufo-testaceis; femoribus nigro-piceis; tibiis tarsisque pallide testaceis.

Long. 1 ½ ligne. Larg. ⅔ ligne.

Il est à peu près de la grandeur du *Doris*, et sa couleur est en-dessus d'un noir assez brillant et un peu bronzé, surtout sur la tête et le corselet. La tête est assez grande, triangulaire, et elle a de chaque côté, entre les antennes, une impression longitudinale fortement marquée, dont le fond est un peu rugueux. Les mandibules sont d'un brun roussâtre. Les palpes sont de la même couleur, avec le pénultième article des maxillaires d'un brun noirâtre. Les antennes sont un peu plus courtes que la moitié du corps; leur premier article et la base des deux suivants sont d'un rouge testacé; le reste est d'un brun noirâtre. Les yeux sont noirâtres, assez gros et assez saillants. Le corselet est un peu plus large que la tête, moins long que large, presque carré, légèrement arrondi antérieurement sur les côtés, un peu rétréci postérieurement et peu convexe; il a quelques rides transversales ondulées, à peine distinctes; la ligne longitudinale du milieu est assez marquée; l'impression transversale antérieure est peu distincte; la postérieure est assez fortement marquée; il a de chaque côté de la base une impression presque arrondie et assez profonde; le fond, les bords de cette impression et toute la base sont couverts de petits points enfoncés assez serrés et assez distincts; le bord antérieur est légèrement échancré; les angles antérieurs sont obtus et presque arrondis; les côtés sont assez fortement rebordés; ils tombent carrément sur la base et forment avec elle un angle droit; la base est coupée carrément. Les élytres sont plus larges que le corselet, en ovale allongé et peu convexes; les stries sont assez marquées, distinctement ponctuées, et presque effacées vers l'extrémité; les intervalles sont planes; on voit sur le troisième, près de la troisième strie, deux points enfoncés assez distincts: le premier à peu près au tiers des élytres, et le second un peu au-delà du milieu. Le dessous du corps est noir. Les cuisses sont d'un brun noirâtre. Les jambes et les tarses sont d'un jaune-testacé assez pâle.

Je ne possède qu'un seul individu de cette espèce; je l'ai trouvé dans les Pyrénées orientales.

122. B. Assimile.

Supra obscure cyaneo-æneum; thorace breviore, cordato, postice utrinque foveolato, angulis posticis rectis; elytris oblongo-ovatis, striato-punctatis, punctisque duobus impressis; macula postica, antennarum basi pedibusque rufo-testaceis.

Gyllenhal. II. p. 26. n° 12. et IV. p. 410. n° 12.
Sahlberg. *Dissert. entom. ins. Fennica.* p. 201. n° 24.
Leja Assimilis. Dej. *Cat.* p. 17.

Long. 1 ½ ligne. Larg. ⅔ ligne.

Il est à peu près de la grandeur du *Doris*, proportionnellement un peu plus large, et sa couleur est en-dessus d'un bronzé assez obscur, ordinairement légèrement bleuâtre et quelquefois un peu verdâtre. La tête est assez grande, triangulaire, et elle a de chaque côté, entre les antennes, une impression longitudinale assez marquée. Les mandibules sont d'un brun roussâtre. Les palpes sont de la même couleur, avec le pénultième article des maxillaires d'un brun noirâtre. Les antennes sont un peu plus courtes que la moitié du corps; leur premier article et la base des trois suivants sont d'une couleur testacée un peu rougeâtre; le reste est d'un brun noirâtre. Les yeux sont noirâtres, assez grands et assez saillants. Le corselet est plus large que la tête, moins long que large, assez court, arrondi antérieurement sur les côtés, rétréci postérieurement, cordiforme et peu convexe; il a quelques rides transversales ondulées, à peine sensibles; la ligne longitudinale est fine et peu marquée; l'impression transversale antérieure est ordinairement peu distincte et forme un angle sur la ligne du milieu; la postérieure est assez fortement marquée et forme aussi presque un angle sur la ligne du milieu; il a de chaque côté de la base une impression oblongue assez profonde; le fond, les bords de cette impression et toute la base paraissent un peu rugueux; le bord antérieur est coupé presque carrément; les angles antérieurs sont obtus; les côtés sont rebordés; ils tombent carrément sur la base et forment avec elle un angle droit; la base est coupée carrément. Les élytres sont plus larges que le corselet, en ovale peu allongé et peu convexes; elles ont chacune près du bord extérieur, à peu près aux trois quarts de leur longueur, une tache arrondie d'une couleur testacée un peu rougeâtre, quelquefois très-apparente et quelquefois peu distincte; l'extrémité est souvent aussi de la même couleur; les stries sont assez fortement marquées, assez fortement ponctuées, et presque effacées vers l'extrémité; les intervalles sont presque planes; on voit sur le troisième, près de la troisième strie, deux points enfoncés assez distincts: le premier à peu près au tiers, et le second aux deux tiers des élytres. Le dessous du corps est noir. Les pattes sont entièrement d'une couleur testacée un peu rougeâtre.

Il se trouve en Suède, en Finlande et en France; il est assez commun aux environs de Paris; il est plus rare en Allemagne et en Autriche.

123. B. Obtusum.

Supra obscure viridi-æneum; thorace subtransverso, postice utrinque foveolato, angulis posticis obtusis; elytris oblongo-ovatis, striato-punctatis, punctisque duobus impressis; antennarum basi, tibiis tarsisque rufo-testaceis; femoribus piccis.

Sturm. vi. p. 165. n° 38. t. 161. fig. c. C.
Tachys Obtusus. Dej. *Cat.* p. 16.
Trechus Piceus. Spence.
Var. *Trechus Sexstriatus.* Dej. *Cat.* p. 16.

Long. 1 $\frac{1}{4}$ ligne. Larg. $\frac{1}{2}$ ligne.

Il est un peu plus petit que le *Guttula*, proportionnellement un peu moins large, et sa couleur est en-dessus d'un vert-bronzé assez obscur, quelquefois presque noirâtre et quelquefois plus ou moins brunâtre. La tête est presque triangulaire, et elle a de chaque côté, entre les antennes, une impression longitudinale assez marquée. Les mandibules sont d'un brun roussâtre. Les palpes sont de la même couleur, avec le pénultième article des maxillaires d'un brun noirâtre. Les antennes sont un peu plus courtes que la moitié du corps; leur premier article et la base des trois suivants sont d'une couleur testacée assez claire et un peu roussâtre; le reste est d'un brun noirâtre. Les yeux sont noirâtres, assez grands et peu saillants. Le corselet est plus large que la tête, moins long que large, presque transversal, légèrement arrondi sur les côtés, point rétréci postérieurement et légèrement convexe; il a quelques rides transversales ondulées, à peine distinctes; la ligne longitudinale du milieu est fine et peu marquée; l'impression transversale antérieure est en arc de cercle et peu sensible; la postérieure est assez marquée; il a de chaque côté de la base une impression assez grande, presque arrondie et assez profonde; le fond, les bords de cette impression et toute la base sont couverts de points enfoncés qui les font paraître un peu rugueux; le bord antérieur est légèrement échancré; les angles antérieurs sont obtus et presque arrondis; les côtés sont légèrement rebordés; ils tombent un peu obliquement sur la base et forment avec elle un angle obtus; la base est coupée carrément. Les élytres sont un peu plus larges que le corselet, en ovale allongé et peu convexes; les stries sont assez marquées, distinctement ponctuées et disposées à peu près comme celles du *Guttula;* les intervalles sont planes; on voit sur le troisième, près de la troisième strie, deux points enfoncés assez distincts : le premier au tiers, et le second à peu près aux deux tiers des élytres. Le dessous du corps est noir. Les cuisses sont d'un brun plus ou moins obscur, et quelquefois presque de la couleur des jambes; leur extrémité, les jambes et les tarses sont d'une couleur testacée un peu rougeâtre.

Il se trouve en France, en Espagne, en Allemagne, en Autriche et en Dalmatie.

M. Schönherr m'en a envoyé un individu venant d'Angleterre, comme le *Trechus Piceus* de Spence.

Le *Trechus Sexstriatus* de mon Catalogue n'est qu'une légère variété de cette espèce.

Cet insecte se rapproche beaucoup des *Tachys* de Megerle.

124. B. Guttula.

Supra nigro-subæneum; thorace transverso, subrotundato, postice utrinque foveolato, angulis posticis subrotundatis; elytris oblongo-ovatis, striato-punctatis, punctisque duobus impressis; macula postica, antennarum basi pedibusque rufescentibus.

Gyllenhal. II. p. 27. n° 13. et IV. p. 411. n° 13.
Sturm. VI. p. 163. n° 37.
Sahlberg. *Dissert. Entom. ins. Fennica.* p. 201. n° 25.
Carabus Guttula. Fabr. *Sys. el.* I. p. 208. n° 209.
Sch. *Syn. ins.* I. p. 223. n° 298.

Elaphrus Guttula. DUFTSCHMID. II. p. 218. n° 36.

Leja Guttula. DEJ. *Cat.* p. 17.

B. Immaculatum: HÖPFNER. STURM. *Catal.* p. 100.

Carabus Riparius? OLIV. III. 35. p. 115. n° 163. T. 14. fig. 162. a. b.

VAR. *Tachys Bisignatus.* DEJ. *Cat.* p. 16.

Long. 1 $\frac{1}{2}$ ligne. Larg. $\frac{2}{3}$ ligne.

Il est à peu près de la grandeur du *Doris,* et sa couleur est en-dessus d'un noir un peu bronzé. La tête est presque triangulaire, et elle a de chaque côté, entre les antennes, une impression longitudinale assez marquée. Les mandibules sont d'un brun roussâtre. Les palpes sont de la même couleur, avec le dernier article des maxillaires d'un brun noirâtre. Les antennes sont un peu plus courtes que la moitié du corps; leur premier article et la base des deux suivants sont d'une couleur testacée un peu rougeâtre, quelquefois assez claire, quelquefois obscure et presque brunâtre; le reste est d'un brun noirâtre. Les yeux sont noirâtres, assez grands et peu saillants. Le corselet est plus large que la tête, moins long que large, assez court, transversal, arrondi sur les côtés, nullement rétréci postérieurement et assez convexe; il a quelques rides transversales ondulées, à peine distinctes; la ligne longitudinale est fine et peu marquée; l'impression transversale antérieure est peu sensible et forme presque un angle sur la ligne du milieu; la postérieure est plus distincte et très-rapprochée de la base; il a de chaque côté de cette dernière une impression oblongue un peu oblique et assez profonde; le bord antérieur est très-légèrement échancré et coupé presque carrément; les angles antérieurs sont obtus et presque arrondis; les côtés sont légèrement rebordés; les angles postérieurs sont très-obtus, presque arrondis et à peine marqués; la base est coupée presque carrément. Les élytres sont plus larges que le corselet, en ovale allongé et légèrement convexes; elles ont chacune près du bord extérieur, à peu près aux trois quarts de leur longueur, une tache arrondie d'une couleur testacée un peu rougeâtre, quelquefois assez marquée, souvent peu distincte, et quelquefois même presque entièrement effacée; l'extrémité est souvent de la même couleur; les stries sont assez marquées, distinctement ponctuées et disposées à peu près comme celles du *Biguttatum;* les intervalles sont planes; on voit sur le troisième, près de la troisième strie, deux petits points enfoncés assez distincts: le premier à peu près au tiers, et le second un peu au-delà du milieu des élytres. Le dessous du corps est noir. Les pattes sont d'une couleur testacée un peu rougeâtre, quelquefois assez claire, et quelquefois plus ou moins obscure.

Il se trouve en Suède, en Finlande, en Angleterre, en France, en Allemagne, en Autriche et en Volhynie.

M. Sturm me l'a envoyé comme l'*Immaculatum* de Höpfner et de son Catalogue.

Le *Tachys Bisignatus* de mon Catalogue n'est qu'une légère variété de cette espèce.

Fabricius et la plupart des auteurs rapportent à cet insecte le *Carabus Riparius* d'Olivier; il me semble qu'il devrait plutôt être rapporté au *Biguttatum;* mais il est probable qu'Olivier aura confondu ensemble ces deux espèces, qui toutes les deux sont assez communes aux environs de Paris.

125. B. Biguttatum.

Supra nigro-subæneum; thorace subrotundato, postice utrinque foveolato, angulis posticis subrotundatis; elytris oblongo-ovatis, striato-punctatis, punctisque duobus impressis; macula postica, antennarum basi pedibusque obscure rufescentibus.

Gyllenhal. II. p. 28. n° 14. et IV. p. 411. n° 14.
Carabus Biguttatus. Fabr. *Sys. el.* I. p. 208. n° 208.
Sch. *Syn. ins.* I. p. 223. n° 297.
Elaphrus Biguttatus. Duftschmid. II. p. 221. n° 41.
Leja subfenestrata. Dej. *Cat.* p. 17.
B. Nigroæneum. Sturm. *Catal.* p. 100.

Carabus Riparius? OLIV. III. 35. p. 115. n° 163. T. 14. fig. 162. a. b.

VAR. A. *B. Æneum.* SPENCE.

VAR. B. *Leja Fuscipes.* DEJ. *Cat.* p. 17.

Long. 1 $\frac{1}{2}$, 2 $\frac{1}{4}$ lignes. Larg. $\frac{2}{3}$, 1 ligne.

Il est ordinairement plus grand que le *Guttula*, et sa couleur est en-dessus d'un noir assez brillant et légèrement bronzé. La tête est presque triangulaire, et elle a de chaque côté, entre les antennes, une impression longitudinale assez fortement marquée. Les mandibules sont d'un brun un peu roussâtre. Les palpes sont d'un brun noirâtre. Les antennes sont d'un brun noirâtre et un peu plus courtes que la moitié du corps; leur premier article et la base des deux suivants sont d'un brun quelquefois assez clair et un peu roussâtre, et souvent plus obscur et presque de la couleur du reste de l'antenne. Les yeux sont noirâtres, assez grands et peu saillants. Le corselet est plus large que la tête, moins long que large, presque arrondi et assez convexe; il a quelques rides transversales ondulées qui sont assez distinctes; la ligne longitudinale est fine et peu marquée; les deux impressions transversales, dont l'antérieure forme presque un angle sur la ligne du milieu, sont peu marquées, et leur fond paraît un peu rugueux; il a de chaque côté de la base une impression oblongue un peu oblique et assez profonde; le bord antérieur est très-légèrement échancré et coupé presque carrément; les angles antérieurs sont presque arrondis; les côtés sont légèrement rebordés et un peu déprimés; les angles postérieurs sont très-obtus, presque arrondis et à peine marqués; le milieu de la base est un peu prolongé en arrière. Les élytres sont plus larges que le corselet, en ovale allongé et peu convexes; elles ont chacune près du bord extérieur, à peu près aux trois quarts de leur longueur, une tache arrondie d'un brun roussâtre, souvent à peine distincte, et quelquefois complètement effacée; l'extrémité est ordinairement de la même couleur; les stries sont assez marquées, assez fortement ponctuées près la base et presques lisses vers l'extrémité; la première et la huitième sont entières; les seconde, troisième et quatrième sont aussi presque entières, mais leur extrémité est très-peu marquée et presque effacée; les cinquième et sixième sont plus courtes, et la septième est complètement effacée; on aperçoit à l'extrémité une portion de strie assez fortement marquée, qui paraît être le prolongement de la cinquième; les intervalles sont planes; on voit sur le troisième, près de la troisième strie, deux points enfoncés bien distincts : le premier à peu près au tiers, et le second un peu au-delà du milieu des élytres. Le dessous du corps est noir. Les pattes sont d'un brun roussâtre, quelquefois presque noirâtre, et quelquefois plus clair et un peu rougeâtre.

Il se trouve assez communément au bord des eaux, dans presque toute l'Europe.

M. Sturm m'en a envoyé un individu venant de Suède, comme le *Nigroæneum* de son Catalogue.

Les individus que l'on prend dans les parties méridionales sont ordinairement plus grands, et ont les pattes plus claires et plus rougeâtres que ceux que l'on trouve dans le nord.

La variété A, *B. Æneum* de Spence, que l'on trouve en Angleterre, est d'une couleur un peu plus bronzée, et la tache des élytres est presque entièrement effacée.

La variété B, *Leja Fuscipes* de mon Catalogue, que l'on trouve en Espagne et dans le midi de la France, est plus grande, et la base des antennes et les pattes sont plus claires et plus rougeâtres.

126. B. Vulneratum. *Mihi.*

Supra viridi-æneum; thorace subrotundato, postice utrinque foveolato, angulis posticis subrotundatis; elytris oblongo-ovatis, striato-punctatis, punctisque duobus impressis; macula postica, antennarum basi pedibusque rufo-testaceis.

B. Biguttatum. Sturm. vi. p. 162. n° 36. t. 161. fig. b. B.
Leja Biguttata. Dej. *Cat.* p. 17.

Leja Bipustulata. OESKAY.
Leja Transparens. GEBLER.

Long. 1 $\frac{3}{4}$ ligne. Larg. $\frac{3}{4}$ ligne.

Il ressemble beaucoup au *Biguttatum*, dont il n'est peut-être qu'une variété. Il est ordinairement un peu plus grand que les individus de cette espèce que l'on trouve dans le nord de l'Europe, et plus petit que ceux que l'on trouve dans les parties méridionales. Sa couleur est en-dessus d'un vert-bronzé assez brillant, quelquefois un peu bleuâtre. La tache des élytres est bien distincte, et d'une couleur testacée un peu rougeâtre. La base des antennes et les pattes sont de la même couleur.

Il se trouve en France, en Allemagne, en Autriche, en Hongrie, dans les provinces méridionales de la Russie et en Sibérie.

Le *Biguttatum* de Sturm me paraît devoir se rapporter à cette espèce.

M. le baron d'Oeskay me l'a envoyé sous le nom de *Leja Bipustulata*, et M. Gebler sous celui de *Transparens*.

NEUVIÈME DIVISION.

LOPHA. *Megerle.*

127. B. QUADRIGUTTATUM.

Supra nigro-æneum, nitidum; thorace cordato, postice utrinque obsolete foveolato, angulis posticis rectis; elytris oblongo-ovatis, striis obsoletis, ad basin profunde punctatis, punctisque duobus impressis; maculis magnis duabus pedibusque pallide testaceis; geniculis obscuris; antennis basi rufo-testaceis.

GYLLENHAL. II. p. 21. n° 8. et IV. p. 409. n° 8.
STURM. VI. p. 167. n° 39.

Carabus Quadriguttatus. Fabr. *Sys. el.* I. p. 207. n° 204.
Oliv. III. 35. p. 108. n° 151. t. 13. fig. 160. a. b.
Sch. *Syn. ins.* I. p. 221. n° 291.
Elaphrus Quadriguttatus. Duftschmid. II. p. 215. n° 32.
Lopha Quadriguttata. Dej. *Cat.* p. 17.

Long. 2 lignes. Larg. $\frac{3}{4}$ ligne.

Il est plus petit que le *Rupestre*, et sa couleur est en-dessus d'un noir-bronzé assez brillant. La tête est grande, presque triangulaire, et elle a de chaque côté, entre les antennes, une impression longitudinale assez fortement marquée. Les mandibules sont d'un brun un peu roussâtre. Les palpes sont de la même couleur, avec le pénultième article des maxillaires d'un brun noirâtre. Les antennes sont à peu près de la longueur de la moitié du corps; leur premier article et la base des trois suivants sont d'une couleur testacée un peu roussâtre; le reste est d'un brun noirâtre. Les yeux sont noirâtres, assez grands et assez saillants, ce qui fait paraître la tête rétrécie postérieurement. Le corselet est à peine plus large que la tête y compris les yeux, au moins aussi long que large, arrondi antérieurement sur les côtés, rétréci postérieurement, fortement cordiforme et assez convexe; il a quelques rides transversales ondulées, à peine sensibles; la ligne longitudinale du milieu est assez marquée; l'impression transversale antérieure est à peine distincte; la postérieure est assez marquée; il a de chaque côté de la base une petite impression arrondie et peu apparente; le milieu est couvert de points enfoncés peu rapprochés les uns des autres et peu distincts; le bord antérieur est coupé carrément; les angles antérieurs sont arrondis; les côtés sont légèrement rebordés; ils tombent carrément sur la base et forment avec elle un angle droit; la base est coupée carrément. Les élytres sont à peu près le double plus larges que le corselet, en ovale allongé et légèrement convexes; elles ont chacune deux grandes taches d'un jaune-testacé très-pâle et presque blanchâtre: la première vers l'angle de la base, en forme de triangle, dont la base est placée le long du bord extérieur, et le sommet vers la suture; la seconde à peu près aux trois quarts des élytres, un peu plus près du bord extérieur que de la suture, arrondie et un peu plus petite; les stries sont presque complètement effacées; la base seulement est distincte et profondément ponctuée; elles ne dépassent jamais la première tache, et souvent même la base des trois ou quatre premières est aussi complètement effacée; on aperçoit sur le troisième intervalle deux petits points enfoncés à peine distincts : le premier à peu près au quart, et le second aux deux tiers des élytres. Le dessous du corps est d'un noir un peu bronzé. Les pattes sont d'un jaune-testacé très-pâle et presque blanchâtre, avec l'extrémité des cuisses et la base des jambes d'un brun noirâtre.

Il se trouve communément au bord des eaux, en France, en Espagne, en Italie, en Allemagne, en Autriche et en Hongrie. Il est rare en Suède.

128. B. Laterale.

Supra nigro-subæneum; thorace cordato, postice utrinque obsolete foveolato, angulis posticis rectis; elytris oblongo-ovatis, striis obsoletis, ad basin punctatis, punctisque duobus impressis; maculis magnis duabus, ad marginem subconnectis, pedibusque albicantibus; geniculis tarsisque obscuris.

Lopha Lateralis. Dej. *Cat.* p. 17.

Long. 1 $\frac{3}{4}$ ligne. Larg. $\frac{2}{3}$ ligne.

Il ressemble beaucoup au *Quadriguttatum*, et il a été confondu avec lui par presque tous les entomologistes. Il est un peu plus petit, et sa couleur est en-dessus un peu plus noire, moins bronzée et moins brillante. La tête et le corselet sont à peu près comme dans le *Quadriguttatum.* Les palpes sont entièrement d'un brun noirâtre. La base du premier article des antennes est d'un brun-obscur un peu roussâtre; tout le reste est d'un brun noirâtre. Les élytres sont un peu plus planes et moins convexes;

les taches sont un peu moins distinctes et d'une couleur moins jaune et plus blanchâtre ; la première est plus grande; elle se prolonge le long du bord extérieur et se joint presque à la seconde; celle-ci est un peu moins grande et moins arrondie; la base des stries est moins fortement ponctuée; les deux points enfoncés du troisième intervalle sont plus distincts. Le dessous du corps est d'un noir un peu bronzé. Les pattes sont d'une couleur moins jaune et plus blanchâtre; l'extrémité des cuisses, la base des jambes et les tarses sont d'un brun noirâtre.

Il est assez commun en Espagne et dans le midi de la France; on le trouve aussi quelquefois aux environs de Paris.

129. B. Quadripustulatum.

Supra nigro-æneum; thorace cordato, postice utrinque obsolete foveolato, angulis posticis rectis; elytris oblongo-ovatis, striato-punctatis, punctisque duobus impressis; maculis duabus tibiisque testaceis.

Lopha Quadripustulata. Dej. *Cat.* p. 17.
Carabus Quadripustulatus? Fabr. *Sys. el.* I. p. 208. n° 205.
Sch. *Syn. ins.* I. p. 222. n° 294.

Long. 1 $\frac{2}{3}$ ligne. Larg. $\frac{2}{3}$ ligne.

Il est plus petit que le *Quadriguttatum*, proportionnellement un peu moins allongé, et sa couleur est en-dessus d'un noir-bronzé moins brillant. La tête est un peu plus large que celle du *Quadriguttatum*. Les palpes et les antennes sont entièrement d'un brun noirâtre. Les yeux sont plus gros et plus saillants. Le corselet est plus court que celui du *Quadriguttatum*, plus large et plus arrondi antérieurement, ce qui le fait paraître plus rétréci postérieurement. Les élytres sont un peu plus courtes; les deux taches sont plus petites et d'un jaune-testacé moins pâle ; la première est irrégulière et presque bilobée; la seconde est moins arrondie; les stries sont assez marquées, assez fortement ponctuées, et se prolongent presque jusqu'à l'extrémité; on voit sur le troisième intervalle, près de la troisième strie, deux petits points enfoncés peu distincts : le premier au tiers, et le second à peu près aux deux tiers des élytres. Le dessous du corps et les cuisses sont d'un noir un peu bronzé. Les jambes sont d'un jaune testacé; la base, l'extrémité et les tarses sont d'un brun noirâtre.

Il n'est pas rare en France et en Espagne ; on le trouve aussi en Autriche et dans les provinces méridionales de la Russie.

Je ne suis pas certain que le *Carabus Quadripustulatus* de Fabricius puisse être rapporté à cette espèce.

130. B. QUADRIMACULATUM.

Supra obscure viridi-æneum ; thorace cordato, postice utrinque obsolete foveolato, angulis posticis rectis; elytris oblongo-ovatis, striato-punctatis, punctisque duobus impressis ; maculis duabus, antennarum basi pedibusque testaceis.

GYLLENHAL. II. p. 22. n° 9. et IV. p. 409. n° 9.
STURM. VI. p. 168. n° 40.
SAHLBERG. *Dissert. entom. ins. Fennica.* p. 198. n° 19.
Elaphrus Quadrimaculatus. DUFTSCHMID. II. p. 216. n° 34.
Cicindela Quadrimaculata. LINNÉ. *Syst. nat.* II. p. 658. n° 13.
Lopha Quadrimaculata. DEJ. *Cat.* p. 17.
Carabus Subglobosus. PAYKULL. *Faun. suecica.* I. p. 142. n° 58.
SCH. *Syn. ins.* I. p. 221. n° 293.

Long. 1 $\frac{1}{2}$ ligne. Larg. $\frac{1}{2}$ ligne.

Il est beaucoup plus petit que le *Quadriguttatum*, et sa couleur est en-dessus un peu plus verdâtre, surtout sur la tête et le corselet. La tête est à peu près comme celle du *Quadriguttatum.* Les trois premiers articles des antennes et la base du quatrième sont d'une couleur testacée assez claire et un peu rougeâtre. Le corselet est plus court, plus large et plus arrondi sur les côtés antérieurement, et rétréci plus brusquement postérieurement. Les élytres ont à peu près la même forme; les deux taches sont d'une couleur plus jaune; la première est plus petite et moins triangulaire ; les stries sont assez marquées et distinctement ponctuées depuis la base jusqu'au-delà du milieu ; leur extrémité est presque complètement effacée; on voit sur le troisième intervalle deux petits points enfoncés peu distincts: le premier au tiers, et le second à peu près aux deux tiers des élytres. Le dessous du corps est d'un noir assez brillant. Les pattes sont entièrement d'un jaune-testacé assez pâle.

Il se trouve assez communément en Suède, en Russie, en France, en Espagne, en Allemagne, en Autriche et en Dalmatie. J'ai reçu de M. Leconte un individu venant de l'Amérique septentrionale, qui ne me semble pas pouvoir être séparé de cette espèce.

131. B. Articulatum.

Capite thoraceque viridi-æneis; thorace cordato, postice utrinque foveolato, angulis posticis rectis; elytris oblongo-ovatis, testaceis, fasciis duabus posticis fusco-brunneis, striato-punctatis, punctisque duobus impressis; antennarum basi pedibusque testaceis.

Gyllenhal. II. p. 23. n° 10. et IV. p. 410. n° 10.
Sturm. VI. p. 172. n° 42. T. 162. fig. a. A.
Sahlberg. *Dissert. entom. ins. Fennica.* p. 200. n° 22.
Carabus Articulatus. Panzer. *Fauna german.* 30. n° 21.
Elaphrus Articulatus. Duftschmid. II. p. 215. n° 33.
Carabus Subglobosus. var. b. Payk. *Fauna suec.* I. p. 142. n° 58.
Sch. *Syn. ins.* I. p. 221. n° 293.
Lopha Pœcila. Dej. *Cat.* p. 18.

Long. 1 ½ ligne. Larg. ½ ligne.

Il est à peu près de la grandeur du *Quadrimaculatum*. La tête et le corselet sont d'une couleur bronzée moins obscure, plus verte et plus brillante. Les deux impressions longitudinales que l'on voit entre les antennes sont plus fortement marquées, plus obliques, et paraissent se réunir antérieurement. Les palpes sont d'un jaune testacé, avec le pénultième article des maxillaires d'un brun noirâtre. Les antennes sont à peu près comme celles du *Quadrimaculatum*. Le corselet est un peu plus long, moins large et moins arrondi antérieurement sur les côtés, ce qui le fait paraître moins rétréci postérieurement; l'impression que l'on voit de chaque côté de la base, et les points enfoncés qui se trouvent au milieu, sont un peu plus marqués. Les élytres ont à peu près la même forme; la première tache jaune est plus grande et couvre toute la partie antérieure des élytres jusqu'à la moitié; la seconde est transversale et va presque jusqu'à la suture; l'extrémité est de la couleur des taches et se réunit à la seconde par le bord extérieur; ou, si l'on veut, les élytres sont d'un jaune-testacé assez pâle, avec deux bandes transversales d'un brun obscur: la première à peu près au milieu, et la seconde, qui ne va pas jusqu'au bord extérieur, entre le milieu et l'extrémité; la suture, surtout vers la base, est ordinairement brillantée d'un léger reflet verdâtre; les stries sont un peu plus fortement ponctuées et disposées à peu près de la même manière; les deux points du troisième intervalle sont un peu plus marqués. Le dessous du corps est noir. Les pattes sont entièrement d'un jaune-testacé assez pâle.

Il se trouve communément en France, en Allemagne, en Autriche, en Dalmatie et dans les provinces méridionales de la Russie; il est plus rare en Suède et en Finlande.

132. B. Fallax. *Mihi.*

Capite thoraceque obscure viridi-æneis; thorace cordato, postice utrinque foveolato, angulis posticis rectis; elytris oblongo-ovatis, fusco-æneis, striato-punctatis, punctisque duobus impressis; macula magna humerali, duabusque marginalibus, antennarum basi pedibusque pallide testaceis.

Long. 1 $\frac{1}{2}$ ligne. Larg. $\frac{2}{3}$ ligne.

Il ressemble beaucoup à l'*Articulatum*, et il est à peu près de la même grandeur. La tête et le corselet sont d'un vert-bronzé plus obscur et moins brillant. La tête est un peu moins grande, et les deux impressions entre les antennes sont moins fortement marquées, moins obliques et ne paraissent pas se réunir antérieurement. La ligne longitudinale du corselet est un peu plus marquée, et l'on n'aperçoit pas de points enfoncés au milieu de la base. Les élytres ont à peu près la même forme et sont d'un brun-noirâtre légèrement bronzé; elles ont à l'angle de la base une grande tache triangulaire d'un jaune-testacé assez pâle, qui descend jusqu'au milieu; une autre plus petite près du bord extérieur, à peu près aux deux tiers de leur longueur, et une troisième tout-à-fait à l'extrémité; ces taches sont peu déterminées et se fondent insensiblement avec la couleur du fond des élytres; elles sont striées et ponctuées à peu près comme dans l'*Articulatum*. Le dessous du corps est noir. La base des antennes et les pattes sont d'un jaune-testacé très-pâle.

Il se trouve dans l'Amérique septentrionale, et il m'a été envoyé par M. Leconte.

DIXIÈME DIVISION.

Tachypus. *Megerle.*

133. B. Picipes. *Megerle.*

Supra fusco-æneum, obsolete punctatum, subpubescens; thorace cordato; elytris oblongis, viridi-nebulosis, punctisque duobus impressis; antennarum basi, femoribus tarsisque viridi-æneis; tibiis testaceis.

Sturm. vi. p. 109. n° 1. t. 154. fig. a. A.
Elaphrus Picipes. Duftschmid. ii. p. 197. n° 7.
Tachypus Picipes. Dej. *Cat.* p. 18.

Long. 2 3/4, 3 1/4 lignes. Larg. 1, 1 1/3 ligne.

Il est beaucoup plus grand que le *Flavipes*, proportionnellement plus allongé, et sa couleur est en-dessus d'un bronzé un peu plus obscur et moins brillant. La tête est un peu plus allongée. Les palpes sont d'un brun roussâtre, avec le pénultième article des maxillaires d'un vert bronzé. Les deux premiers articles des antennes sont d'un vert-bronzé assez obscur; les deux suivants sont de la même couleur, avec la base un peu roussâtre; les autres sont d'un brun-noirâtre quelquefois un peu verdâtre. Les yeux sont moins gros et moins saillants. Le corselet est un peu plus allongé, moins large et moins arrondi sur les côtés antérieurement, moins brusquement rétréci postérieurement et moins fortement cordiforme; la ligne longitudinale du milieu est moins fortement marquée. Les élytres sont plus allongées; les taches dont elles sont couvertes sont d'un vert plus obscur; les vestiges de stries que l'on voit près de la suture sont à peine sensibles; les deux points enfoncés sont un peu plus petits et moins marqués. Les cuisses et les tarses sont d'un vert-bronzé plus ou moins obscur. Les jambes sont d'une couleur testacée un peu roussâtre, avec la base et l'extrémité un peu verdâtres.

Il se trouve dans les parties orientales et méridionales de la France, en Espagne, en Suisse, en Allemagne et en Autriche.

134. B. Pallipes. *Megerle.*

Supra cupreo-æneum, obsolete punctatum, subpubescens; thorace cordato; elytris oblongo-ovatis, viridi-nebulosis, striis ad suturam obsoletis, foveolisque duabus impressis; antennarum basi pedibusque pallide testaceis.

Gyllenhal. vi. p. 400. n° 1-2.
Sturm. iv. p. 111. n° 2. t. 154. fig. b. B.
Sahlberg. *Dissert. entom. ins. Fennica.* p. 190. n° 1.
Elaphrus Pallipes. Duftschmid. ii. p. 197. n° 8.
Tachypus Pallipes. Dej. *Cat.* p. 18.

Long. 2 $\frac{1}{2}$ lignes. Larg. 1 ligne.

Il ressemble beaucoup au *Flavipes*, mais il est un peu plus grand, et sa couleur est ordinairement en-dessus un peu plus brillante et plus cuivreuse. La tête est un peu plus allongée. Le pénultième article des palpes maxillaires est d'un brun-noirâtre. Le premier article des antennes est ordinairement plus obscur que les suivants, et quelquefois légèrement bronzé en-dessus. Les yeux sont moins gros et moins saillants. Le corselet est un peu plus allongé, moins large et moins arrondi sur les côtés antérieurement, moins brusquement rétréci postérieurement et moins fortement cordiforme; la ligne longitudinale du milieu est moins fortement marquée, et les deux impressions transversales sont moins distinctes. Les taches vertes des élytres sont un peu plus brillantes, et les vestiges de stries que l'on voit près de la suture sont un peu plus marquées. Le dessous du corps est d'un vert-bronzé plus clair et plus brillant. Les pattes sont de même d'un jaune-testacé très-pâle, mais les cuisses sont quelquefois brillantées d'un léger reflet bronzé.

Il se trouve en Suède, en Angleterre, en France, en Allemagne, en Autriche, en Volhynie et même en Sibérie.

135. B. Flavipes.

Supra fusco-æneum, obsolete punctatum, subpubescens; thorace cordato, breviore, antice subrotundato, postice subcoarctato; elytris oblongo-ovatis, viridi-nebulosis, foveolisque duabus impressis; antennarum basi, palpis pedibusque pallide testaceis.

Gyllenhal. II. p. 12. n° 1. et IV. p. 400. n° 1.
Sturm. VI. p. 112. n° 3.
Sahlberg. *Dissert. entom. ins Fennica.* p. 190. n° 2.
Elaphrus Flavipes. Fabr. *Sys. el.* I. p. 246. n° 6.
Oliv. II. 34. p. 8. n° 7. T. 1. fig. 2. a. b.
Sch. *Syn. ins.* I. p. 247. n° 6.

DUFTSCHMID. II. p. 198. n° 9.
Tachypus Flavipes. DEJ. *Cat.* p. 18.
Le Bupreste à quatre points enfoncés. GEOFF. I. p. 157. n° 32.

Long. 2 lignes. Larg. $\frac{3}{4}$ ligne.

Il est à peu près de la grandeur du *Quadriguttatum*, et sa couleur est en-dessus d'un bronzé-obscur, ordinairement un peu brunâtre et quelquefois légèrement cuivreux. Il est entièrement couvert de petits points enfoncés très-serrés et peu marqués, et d'un duvet très-court et très-serré, qui le font paraître un peu rugueux et légèrement pubescent. La tête est assez grande, triangulaire et presque plane. Les mandibules sont d'un brun un peu roussâtre. Les palpes sont entièrement d'un jaune-testacé très-pâle. Les antennes sont plus courtes que la moitié du corps; leurs quatre premiers articles sont de la couleur des palpes; les autres sont d'un brun-noirâtre, quelquefois plus ou moins roussâtre. Les yeux sont d'un brun noirâtre, très-gros et très-saillants, à peu près comme dans les *Elaphrus*. Le corselet est à peu près de la largeur de la tête y compris les yeux, moins long que large, très-arrondi antérieurement sur les côtés, assez brusquement rétréci postérieurement, fortement cordiforme et assez convexe; la ligne longitudinale est fortement marquée antérieurement et postérieurement, beaucoup moins dans son milieu, et ne dépasse pas les deux impressions transversales; l'antérieure est assez marquée et forme un angle sur la ligne du milieu; la postérieure est moins distincte; on aperçoit de chaque côté, plus près du bord antérieur que de la base, un petit point enfoncé peu distinct et souvent entièrement effacé; il a de chaque côté de la base, près de l'angle postérieur, une petite impression oblongue, à peine sensible; le bord antérieur est coupé carrément; les angles antérieurs sont obtus; les côtés sont rebordés; ils se redressent près de la base et forment avec elle un angle droit; la base est coupée carrément. Les élytres sont presque le double plus larges que le corselet, en ovale allongé et très-légèrement convexes; elles sont couvertes de tach vertes, placées sans ordre, qui les rendent comme nébu leuses; les stries sont entièrement effacées; on aperçoit seule ment vers la suture quelques vestiges à peine distincts; on vo sur le troisième intervalle deux points enfoncés assez gros fortement marqués : le premier au quart, et le second à pe près aux deux tiers des élytres; elles ont en outre quelque points enfoncés peu distincts, le long du bord extérieur. L dessous du corps est d'un vert-bronzé obscur, assez brillant Les pattes sont entièrement d'un jaune-testacé très-pâle.

Il se trouve communément dans presque toute l'Europe.

www.ingramcontent.com/pod-product-compliance
Ingram Content Group UK Ltd.
Pitfield, Milton Keynes, MK11 3LW, UK
UKHW020325230726
13925UKWH00002B/627

9 782013 710718